Introduction to electric foundation

KB137592

초보자를 위한

전기기초 입문

岩本 洋 著 | 朴漢宗 譯

BM (주)도서출판 **성안당**

日本 옴사 · 성안당 공동 출간

초보자를 위한
전기기초 입문

Original Japanese edition
SHINDENKI BIGINAASHIRIIZU HAJIMETE MANABU DENKI KISO NYUUMON
HAYAWAKARI
by Hiroshi Iwamoto
Copyright ⓒ 1997 by Ohmsha, Ltd.
published by Ohmsha, Ltd.

This Korean language edition co-published by Ohmsha, Ltd. and SUNG AN DANG
Publishing Co.
Copyright ⓒ 1998
All rights reserved

머 리 말

전기가 널리 이용되고 있는 현대에는 누구에게나 전기에 대한 지식이 필요하다. 그러나 전기는 눈에 보이지 않는 일렉트론(전자)의 행동이 그 근본으로 잘 이해하기가 어렵다. 이러한 배경하에서 전기공학의 기초로서 "전기 기초" 지식이 필요하며 공업고등학교 전기 · 전자과에서는 "전기 기초"를 배우고 있다.

따라서 본 도서는 일렉트론의 행동으로서 전자의 흐름 · 전자와 전위차 · 전기 저항 · 전기 에너지 · 교류 등을 들어 전자 현상을 물에 비유하여 알기 쉽게 설명하였다. 이것은 본 도서의 특징 중 하나이다.

하지만 단순히 읽는 방식의 해설에만 치우치지 않고 전기 이론의 본질을 정확히 이해할 수 있도록 필요에 따라 수식을 사용하여 학문으로서 전기 공학의 기초를 공부할 수 있도록 배려하였다.

본 도서는 다음과 같은 점에 유의하여 집필하였다.
(1) 전기의 기초를 배운다는 점에서 상세한 이론은 피하고 내용에 따라서는 처음에 정성적인 학습으로 이해를 깊게 하고 그리고 정량적인 학습으로 진행하도록 하였다.
(2) 그림은 일렉트론의 거동을 중심으로 그리거나 그림 안에 주석을 달거나 하여 이해하기 쉽도록 노력하였다.
(3) 본 도서 권두의 그림으로서 "전기의 역사"를 수록하는 동시에 이해를 돕기 위해 옴, 볼터, 키르히호프, 스타인메츠 등의 인물 소개를 넣었다.
(4) 용어는 산업 규격에 따랐다.
(5) 전기용 그림 기호는 산업 규격에 따랐다.

＊　　　　　＊　　　　　＊

독자 여러분은 본 도서를 배움으로써 전기의 기초를 습득하고 이를 바탕으로 고도의 전기 기술을 학습할 수 있기를 기원한다.

전국 공업고등학교장 협회　고문　岩 本　洋

차 례

제1장 전기는 어떠한 성질을 가지고 있는가 ················ 1

1. 전기의 역사 ··· 2
2. 마찰 전기가 일어나는 이유 ··· 5
3. 전기의 실체는 어떠한 것인가 ····································· 8
4. 플러스(+) 전기와 마이너스(−) 전기 ························ 11
5. 전자의 흐름 ··· 14
6. 도체, 절연체, 반도체 ·· 17
7. 전자의 흐름과 전류 ·· 20
□ 요　약 ··· 23

제2장 전압, 전류, 저항과 옴의 법칙 ······························ 25

1. 최초로 발명된 볼타의 전지 ··· 26
2. 전기를 물에 비유한다 ··· 29
3. 옴의 법칙 ·· 32
4. 전기 저항의 성질을 수류의 저항에 비유한다 ············· 35
5. 저항을 직렬로 접속한다 ·· 38
6. 저항을 병렬로 접속한다 ·· 41
7. 전압 강하란 무엇인가 ··· 44
□ 요　약 ··· 47

제3장 직류 회로의 계산과 전류의 움직임 49

1. 키르히호프의 제1법칙과 제2법칙 50
2. 키르히호프 법칙의 적용 예와 휘트스톤 브리지 53
3. 전지의 내부 저항과 전지 접속법 56
4. 전기 에너지를 수력에 비유한다(전력과 전력량) 59
5. 열전 현상에는 어떠한 것이 있는가 62
6. 전기 분해에 대해서 65
7. 전지에는 어떠한 종류가 있고 어떠한 원리인가 68
□ 요 약 71

제4장 자기는 어떠한 성질을 가지고 있는가 73

1. 자석의 성질을 알아본다 74
2. 자력선과 자극간에 작용하는 힘(쿨롬의 법칙) 77
3. 자력선과 자속(철은 자속을 흡수한다) 80
4. 전류가 흐르면 자계가 발생한다 83
5. 자기 회로와 전기 회로의 관계 86
6. 자화 곡선과 히스테리시스 곡선 89
7. 자기에 관한 그 밖의 현상 92
□ 요 약 95

그림으로 알아보는 옴의 법칙

전기회로의 전기저항	전기회로	기전력	=	전기저항	×	전류
자기회로의 자기저항	자기회로	기자력	=	자기저항	×	자속
열회로의 열저항	열 회 로	온도차	=	열저항	×	열류

제5장 모터와 발전기의 원리를 알아본다 97

1. 자계내에서 도체에 전류를 흘려 보내면 힘이 작용한다 98
2. 전류계, 전압계의 원리를 알아본다 101
3. 직류 전동기의 원리를 알아본다 104
4. 자계내에서 도체에 생기는 기전력 107
5. 발전기의 원리를 알아본다 110
6. 코일의 작용 113
7. 변압기로 전압을 바꾼다 116
   □ 요 약 119

제6장 정전기는 어떠한 성질을 가지고 있는가 121

1. 정전 유도와 낙뢰 현상에 대해서 122
2. 정전기에 힘이 작용한다(쿨롬의 법칙) 125
3. 콘덴서에는 전하를 축적할 수 있다 128
4. 콘덴서의 종류와 병렬 접속 131
5. 콘덴서의 직렬 접속 134
6. 콘덴서의 내전압, 침단 방전 137
7. 압전 현상, 유전 가열 현상, 방전 현상 140
   □ 요 약 143

그림으로 알아보는 키르히호프의 법칙

한점에 집결되는 전류의 대수합은 0이다

$$I_1 + I_2 + I_3 = 0$$

임의의 폐회로에서의 기전력의 대수합은 전압강하의 대수합과 같다.

$$-E_1 + E_2 = Ir_1 + Ir_2 + Ir_3 + Ir_4$$

제7장 교류는 어떠한 성질을 가지고 있는가 145

1. 교류를 수류에 비유한다 146
2. 교류는 어떻게 만들어지는가 149
3. 교류의 표현 방법 (1) (주파수, 주기, 각주파수) 152
4. 교류의 표현 방법 (2) (실효값, 평균값, 위상) 155
5. 교류의 표현 방법 (3) (복소수와 벡터) 158
6. 벡터의 합, 차, 곱, 몫과 벡터의 회전 161
7. 교류 회로의 전압과 전류를 표시하는 방법 164
□ 요 약 167

제8장 교류에 대한 R, L, C의 작용과 3상 교류 169

1. 저항 R만 있는 회로에 교류 전압을 가하면 170
2. 인덕턴스 L만 있는 회로에 교류 전압을 가하면 173
3. 정전 용량 C만 있는 회로에 교류 전압을 가하면 176
4. RLC 직렬 회로 179
5. 교류 전력이란 182
6. 3상 교류는 어떻게 만드는가 185
7. 3상 교류의 회로의 전원과 부하의 연결 방법 188
□ 요 약 191
■ 찾아보기 193

A History of Electrical technology

그림으로 보는
전기의 역사

1 기원 전의 호박과 자석

**BC 600년
정전기의 발견
탈레스**

그리스의 7현인 중의 한사람으로 탈레스라고 하는 철학자가 있었다. 기원전 600년경 탈레스는 당시의 그리스인들이 호박을 마찰하여 깃털을 흡인하거나 자철광으로 철편을 흡인하는 것을 보고 그 원인을 연구한 끝에 「만물에는 신령이 충만하다. 철을 흡인하는 마그니스는 신령을 가지고 있을 것이다」고 말했다고 한다. 여기서 마그니스란 자철광을 말한다.

또한 그리스인은 호박을 일렉트론이라고 하여 발틱해 연안에서 수입하여 팔찌나 목걸이를 만들고 있었다. 당시의 보석상들도 호박을 마찰하면 깃털이 흡인되는 것을 알고 있었고 신들의 이것을 정령 또는 마력 때문이라고 생각하고 있었다.

**자침의 응용
중국**

한편 중국인은 기원 전 2500년경 쯤 천연자석에 대한 지식이 있었던 것 같다. 또한 「여씨춘추(呂氏春秋)」라고 하는 책에는 나침반에 관한 기술이 있는데 그것은 기원 전 1000년경의 일이다. 중국에서는 자침이 일찍부터 방위를 찾는데 사용되었다고 한다.

2 자기·정전기와 볼타의 전지

**14세기
항해용 나침반
의 발명**

일반적으로 말하는 마찰전기에 대해서는 기원 전에는 하나의 현상으로서 알려져 있었는데 오랜 동안 별다른 진전이 없었다.

나침반은 13세기에 들어서도 바늘의 형태로 만든 자철광을 볏짚 위에 놓고 물에 띄워 항해하는 정도였다. 14세기 초기에 자침을 실로 매단 항해용 나침반이 만들어졌다.

이와 같은 나침반은 1492년 콜롬부스의 아메리카 대륙 발견, 그리고 1519년 마젤란의 세계일주 항로의 발견에 많은 도움이 되었다고 생각된다.

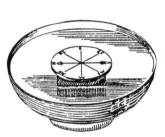

물에 띄운 자침

(1) 자기·정전기와 길버트

영국인 길버트는 엘리자베스 여왕의 주치의이기도 하면서 동시에 자기에 대한 연구를 하고 있었다. 그는 다년간에 걸친 자기에 관한 시험의 성과를 종합하여 1600년에 「자기에 대하여」라고 하는 제목의 책을 발표했는데 거기에서 지구는 큰 자석이라는 것과 나침반의 복각(伏角)에 대하여 설명하고 있다.

1600년
자기의 연구
길버트

엘리자베스 여왕 앞에서 실험해 보이는 길버트

또한 길버트는 호박을 마찰시키면 깃털이 흡입되는 현상을 연구하여 이와 같은 현상은 호박뿐만 아니라 유황, 수지, 유리, 수정, 다이아몬드 등에도 존재한다는 것을 명백히 했다.

현재는 대전 현상으로 마찰전기계열(모피·플란넬·세라믹스·에나멜·

유리·종이·실크·호박·금속·고무·유황·셀룰로이드)이 있으며 이 계열중 2개를 서로 마찰시키면 계열중 앞쪽 물질이 플러스로, 뒤쪽 물질이 마이너스로 대전되는 것이 명백해졌다.

또한 길버트는 정전력을 실험하기 위해 벨서륨 회전기라고 하는 낡은 타입의 전기시험기를 고안했다.

당시에는 사색에만 의존하는 연구방법이 성행했는데 진정한 연구는 실험을 기초로 해야 된다고 주장하여 실천한 점은 근대 과학 연구방법의 시초라 할 수 있다.

(2) 낙뢰와 정전기

1748년
피뢰침의 발명
프랭클린

기원전 중국에서는 낙뢰에 대하여 다음과 같이 생각하고 있었다. 낙뢰는 낙뢰를 관장하는 5명의 신의 조화물로 신의 우두머리를 뇌조(雷祖)라 하였고 그 밑에 북을 울리는 뇌공(雷公)과 2개의 거울로 하계를 비추는 뇌모(雷母)가 있다는 것이다.

아리스토텔레스 시대에 이르러서는 상당히 과학적으로 증명되어 뇌운은 대지의 증기로 되어 있으며 이 뇌운이 한기와 함께 수축되면 뇌우와 함께 빛을 낸다고 생각하게 되었다.

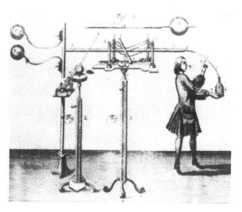

라이덴병의 실험

낙뢰가 정전기에 의한 것이라고 생각한 사람은 영국인 월이다(1708년). 프랭클린도 같은 생각으로 1748년 피뢰침을 고안했다.

마찰전기계열의 플러스 전하와 마이너스 전하에 대하여 전기에는 플러스, 마이너스의 2종류가 있다는 것과 이것을 플러스 전기, 마이너스 전기라고 명칭을 부여한 것이 프랭클린이다(1747년).

1746년
라이덴병의
발명
뮈센브르크

이와 같은 정전기를 어떻게 하면 「저장할 수 있을까」에 대해 많은 과학자들이 연구를 거듭했다. 1746년, 라이덴 대학교수 뮈센브르크는 전기를 축적할 수 있는 병을 발명했다. 이것이 후에 유명한 「라이덴병」이라고 하는 것이다.

뮈센브르크는 물을 병에 저장하듯이 전기를 병에 축적하려는 생각에서 물을 병에 넣고 마찰 유리봉을 철사를 통하여 물에 넣어 보았다. 병과 봉에 손이 접촉하는 순간 상당히 강한 쇼크을 받은 그는 「왕을 시켜 준다 해도 두번 다시 이렇게 무서운 실험은 하고 싶지 않다」고 말했다고 한다.

프랭클린은 라이덴병에 전기를 축적하려는 생각에서 1752년 6월 연을 뇌운 속에 띄워 실험했다. 그 결과 뇌운은 때로는 플러스 때로는 마이너스가 되는 것을 발견했다. 이 연의 실험은 유명하여 그후 많은 과학자가 관심을 가지고 추가 시험을 했는데 1753년 7월 러시아의 리히만은 그 실험 도중 전기 쇼크를 받아 사망했다.

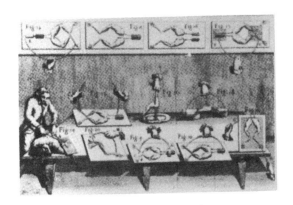

갈바니의 개구리 실험

전기에 의한 쇼크는 병의 치료에 이용되어 1700년대부터 전기 쇼크 요법이 실행되었다. 볼로냐대학(이탈리아) 교수 갈바니는 개구리를 해부하던 중 메스가 발의 근육에 접촉하면 근육이 경련을 일으킨다는 것을 발견했다. 전기 쇼크 요법이 활발한 시대였으므로 그는 개구리의 근육 경련의 원인이 전기라고 생각했다. 그리고 그 전기를 「동물전기」라 명명하였고 1791년 동명의 논문을 발표했다.

1800년
전지의 발명
볼타

파비아대학(이탈리아) 교수 볼타는 갈바니의 실험을 반복적으로 실시한 결과 「동물전기」에 의문을 가지게 되어 지속적인 연구로 1800년 「이종 도전물질의 접촉에 의하여 발생하는 전기에 대하여」라는 논문을 발표했다.

즉 2종류의 금속을 접촉시키면 전기가 발생한다는 현상이다. 그리고 여러 가지의 금속을 가지고 실험한 결과 금속의 전압렬은 아연·연·주석·철·동·은·금·흑연이며 이 전압렬중 2종류의 금속을 접촉시켜면 접촉된 금속중 앞쪽 금속이 플러스로, 뒤쪽 금속이 마이너스로 대전되는 것을 명백히 했다. 또한 묽은 황산 중에 동과 아연 전극을 넣은 볼타의 전지가 발명되었다. 전압의 단위 볼트는 그의 이름에서 유래한 것이다.

1800년대 초기는 나폴레옹이 프랑스 혁명 후 나폴레옹 시대를 전개하려 하던 무렵이다. 나폴레옹은 이탈리아에서 개선한 후 1801년 볼타를 파리로 불러 전기실험을 하도록 지시했다. 그 결과 볼타는 나폴레옹에게서 금패와 레지옹도뇌르 훈장을 받았다.

나폴레옹 앞에서 실험을 하는 볼타

(3) 볼타 전지의 이용과 전자기학의 발전

볼타의 전지가 발명된 후 이 전지를 이용하여 여러 가지 실험이나 연구가 진행되었다. 독일에서는 물의 전기분해가 실시되었고 영국에서는 염화칼륨에서 칼륨을, 염화나트륨에서 나트륨을 추출하는 연구가 이루어졌다. 영국의 화학자 데비에 의하여 볼타의 전지를 2,000개나 연결한 아크 방전 실험이 실시되었다.

이 실험에서는 플러스 전극과 마이너스 전극 끝에 목탄을 붙여 그 간격을 조정하여 방전시킴으로써 강한 빛이 발생하였고 이것이 바로 전기 조명의 기원이다.

1820년, 코펜하겐(덴마크)대학 교수 엘스테드는 볼타의 전지에 연결해 놓은 도선 옆에 자침을 놓은 결과 그것이 회전하는 것을 발견하고 논문을 발표했다.

1820년
전류에 의한
자계의 발견
엘스테드

실링의 단침 전신기

이 논문을 본 러시아의 실링이 코일과 자침을 조합한 전신기를 발명하였고(1831년) 이것이 전신의 기원이 되었다.

**1826년
옴의 법칙 발견
옴**

**1831년
전자유도
현상의 발견
패러데이**

그 후 프랑스의 암페어가 전류 주위에 생기는 자계의 방향에 대한 암페어의 법칙(1820년)을 발견하고 패러데이가 획기적인 전자유도 현상을 발견(1831년)하는 등 전자기학은 비약적으로 발전했다.

한편 전기회로에 관한 연구도 진행되어 옴이 전기저항에 관한 옴의 법칙(1826년)을 발견하고 키르히호프 회로망에 관한 키르히호프의 법칙(1849년)을 발견하는 등 전기학이 확립되었다.

패러데이

3 유선통신의 역사

과학기술은 군사적인 요청에 의해 발전해 왔다고 주장하는 사람들도 있는데 분명히 그런 부분이 있다.

나폴레옹의 진공을 겁내고 있던 영국은 완목식 통신기로 프랑스군의 움직임을 본부에 연락하고 있었다. 또한 스웨덴·독일·러시아 등의 각국도 군사에 이 통신기를 이용하는 통신망을 만들었고 이를 위해 막대한 예산을 배정했다고 한다. 이 통신기를 전기식으로 개량하려는 착상이 유선통신의 시작이라고 하겠다.

(1) 유선통신의 원리

실링의 전자식 전신기 외에 독일의 젠메링이 발명한 전기화학식 전신기,

가우스와 웨버(독일)의 전신기, 쿠크와 휘트스톤(영국)의 5침식 전신기 등이 있다. 또한 전신기의 형식은 음향식, 인쇄식, 지침식, 벨식 등 여러 가지이다.

그 중에서 쿠크와 휘트스톤의 5침식 전신기는 런던-웨스트 드레이튼 간 20 km에 5개의 전신선을 부설하여 실제로 사용했다는 점에서 유명하다. 그것이 1837년의 일이다.

쿠크와 휘트스톤의 5침식 전신기

(2) 모스(Morse)의 전신기

1837년, 미국에서 모스의 전신기가 완성되었다. 모스 신호(톤·츠)로 유명한 모스이다. 모스는 화가가 되기 위해 런던에서 공부했는데 1815년 미국으로 돌아가는 배 안에서 보스턴대학 교수인 잭슨으로부터 전신에 관한 이야기를 듣고 모스 신호와 전신기를 착상하게 되었다고 한다.

모스는 전신선 부설을 위해 마그네틱 텔레그래프 회사를 만들어 1846년에 뉴욕·보스턴 간, 필라델피아·피츠버그 간, 토론토·버팔로·뉴욕 간에서 전신사업을 시작했다.

모스의 전신기

모스의 사업이 대성공을 거두자 미국 각지에서 전신회사가 생겨났고 전신사업은 점차 확대되어 갔다.

1846년에는 모스의 전신기에 음향 수신기가 장착되어 사용도 용이하게 되었다고 한다.

(3) 전화와 교환기

1876년
전화의 발명
벨과 그레이

1876년 2월 14일, 미국의 발명가 벨과 그레이는 별도로 전화기의 특허권을 신청했는데 벨의 특허원이 그레이의 출원계보다 2시간 정도 빨랐다고 하여 벨이 특허권을 취득했다.

1878년, 벨은 전화회사를 설립, 전화기를 제조하여 전화사업의 발전에 전력했다.

전화가 발달하자 교환기의 역할이 중요해졌다. 1877년경의 교환기는 티켓식 교환기라 하여 교환원이 통신 요청을 받아 티켓을 다른 교환원에게 전달하는 것이었다.

그 후에 거듭 개량된 결과 블록 다이어그램식이 개발되었고 뒤이어 자동적으로 교환을 하는 방식이 개발되기에 이르렀다(1879년).

1891년
자동교환기의
발명
스트로저

1891년, 스트로저식 자동교환기가 완성되어 이로부터 자동교환 방식이 완성되었다. 그 후의 지속적인 연구로 현재의 전자교환기에 이르렀다.

스트로저식 자동 교환기

(4) 해저통신 케이블

육상의 통신망이 점차 정비되자 다음은 바다를 사이에 둔 나라와 통신을 하기 위해 해저에 통신 케이블을 부설하는 것을 연구하기에 이르렀다. 1840년경 이미 휘트스톤은 해저 케이블을 생각했던 것 같다.

해저 케이블은 전선의 기계적 강도, 절연, 부설의 방법 등 육상의 케이블과는 다른 해결해야 할 과제가 있었다.

1845년 영국해협해저전신회사가 설립되었고 영국에서 캐나다까지, 또한 도버 해협을 사이에 둔 프랑스까지 해저 케이블을 부설하는 사업이 전개되었다.

해저 케이블의 부설은 부설중 케이블이 끊어지는 등 난공사였는데 시대의 요청에 힘입어 각국이 이 사업에 진출하게 되었다.

1851년 칼레·도버 간에 최초의 해저 케이블이 부설되어 통신에 성공했다. 그것을 계기로 유럽 주변, 미국 동부 주변에 다수의 케이블이 부설되었다. 현재는 전 세계적으로 바다에 케이블이 부설되어 통신에 이용되고 있다.

**1845년
해저 케이블의
부설
영국**

케이블 부설의 아가메논호

4 무선통신의 역사

세계 각지의 정보가 TV에서 방영되는데 이것은 전파에 의한 것이다. 최초로 전파를 발생시킨 실험은 1888년 독일의 헤르츠에 의하여 실시되었다. 그 실험에서 헤르츠는 전파가 빛과 같이 직진·반사·굴절 현상이 있는 것을 명백히 했다. 주파수의 단위 Hz는 그의 이름에서 유래한 것이다.

(1) 마르코니의 무선장치

헤르츠의 실험을 잡지에서 본 이탈리아의 마르코니는 1895년 최초의 무선장치를 만들었다. 이 무선장치를 사용하여 약 3km 떨어진 거리에서 모스 신호에 의한 통신실험을 했다. 그는 무선통신을 기업화하기 위해 무선통신·신호회사를 설립했다.

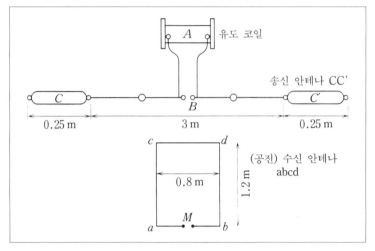

헤르츠의 전자파의 전파 실험

1899년에는 도버 해협을 넘어 통신에 성공하였고 1901년에는 영국에서 2,700 km 떨어진 뉴펀들랜드에서 모스 신호의 수신에 성공했다.

마르코니는 무선통신 분야에서 많은 성공을 거둔 반면에 해저 케이블 회사는 이해가 대립된다는 이유로 뉴펀들랜드에 무선국을 설치하는데 반대하기도 하는 등 마르코니의 반대자가 적지 않았다.

마르코니와 무선 장치

(2) 고주파의 발생

무선통신에는 안정된 고주파를 발생하는 것이 필수적이다.
닷델은 코일과 콘덴서를 사용한 회로에서 고주파를 발생시켰는데 주파수는 50kHz 미만, 전류도 2~3A로 작았다.

1903년 네덜란드의 파울젠은 알코올 증기 속에서 생긴 아크로 1MHz의 고주파를 발생시켰고 페텔전은 이것을 개량하여 출력 1kW의 장치를 만들었다.

그 후에 독일에서 기계식의 고주파 발생장치가 고안되었고 미국의 스텔라나 페센덴, 독일의 골트슈미트 등은 고주파 교류기에 의한 방법을 개발하는 등 많은 과학자나 기술자가 고주파 발생의 연구에 착수했다.

(3) 무선전화

1906년
무선전화의
발명
알렉센더슨

모스 신호가 아닌 사람의 말을 보내기 위해서는 음성신호를 실을 방송파가 필요하며 반송파는 고주파여야 한다.

1906년 GE사의 알렉센더슨은 80kHz의 고주파 발생장치를 만들어 무선전화의 실험에 처음으로 성공했다.

무선전화에서 음성을 보내 그것을 받으려면 송신하기 위한 고주파 발생장치와 수신하기 위한 검파기가 필요하다.

1913년
헤테로자인
수신기 발명
페센덴

페센덴은 수신장치로서 헤테로다인 수신방식을 고안하여 1913년에는 그 실험에 성공했다.

닷델은 송신장치로서 파울젠 아크 발신기를 사용하고 수신장치로

닷델의 고주파 발생 장치

서 전해검파기를 사용한 수화기식을 고안했다. 당시로서는 모두가 불꽃발진기를 사용하고 있었기 때문에 잡음이 많았고 실험단계에서 성공은 했지만 실용화와는 거리가 멀었다. 전파를 안정적으로 발생시키고 잡음이 적은 상태로 수신하기 위해서는 진공관의 출현이 기대되었다.

(4) 2극관과 3극관

1883년, 에디슨은 점등해 있는 전구의 필라멘트에서 전자가 나와 전구의 일부분이 검게 되는 것을 발견하고 이것을 에디슨의 효과라고 명명했다.

1904년
2극관의 발명
플레밍

1904년, 플레밍은 에디슨 효과에서 힌트를 얻어 2극관을 만들어 이것을 검파에 이용했다.

드 포레스트와 3극관

1907년, 미국의 드 포레스트는 2극관의 양극과 음극 사이에 그리드라고 하는 또 하나의 전극을 설치한 3극관(오디온)을 발명했다.

이 3극관은 신호 전압의 증폭에 사용되는 동시에 피드백 회로를 설치하여 고주파를 안정적으로 발생시킬 수도 있는 것으로 획기적인 회로소자라 할 수 있다.

3극관은 더욱 개량되어 단파나 초단파의 고주파를 발생시킬 수 있게 되었다. 또한 3극관은 전자류를 제어할 수 있는 기능이 있어 그 후 출현한 브라운관이나 오실로스코프와 밀접한 관계가 있다.

5 전지의 역사

1790년, 갈바니는 개구리의 해부에서 「동물전기」를 제창하였으며 그것을 계기로 볼타는 2종류의 금속을 접촉시키면 전기가 발생하는 것을 명백히 했다. 이것이 전지의 기원이라고 할 수 있다.

1799년, 볼타는 동과 아연 사이에 염수로 적신 종이를 넣고 그것을 적층한 전지, 「볼타의 전퇴」를 만들었다. 퇴(堆)라고 하는 글자는 높이 쌓는다는 의미로 전퇴는 전지의 작은 요소를 높이 쌓은 것이라는 의미이다.

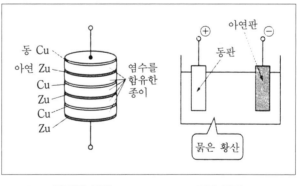

볼타의 전퇴   볼타 전지

(1) 1차 전지

한번 방전해 버리면 다시 사용할 수 없는 전지를 1차 전지라고 한다. 볼타는 볼타의 전퇴를 개량하여 볼타 전지를 만들었다.

1836년, 영국의 다니엘은 질그릇통 속에 양극과 산화제를 넣은 다니엘 전지를 개발했다. 볼타전지에 비하여 장시간 전류를 얻을 수 있는 것이었다.

1868년, 프랑스의 르크랑셰가 르크랑셰 전지를 발표하였고 1885년에는 일본의 오이(尾井)가 오이 건전지를 발명했다.

오이 건전지는 전해액을 스폰지에 함침시켜 운반을 편리하게 한 독특한 것이었다.

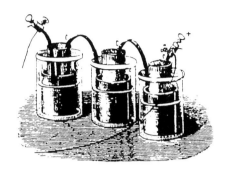

다니엘 전지

1917년, 프랑스의 페리는 공기전지를, 1940년에 미국의 루벤은 수은전지를 발명했다.

(2) 2차 전지

**1859년
2차 전지의
발명
프란데**

방전해 버려도 충전하여 다시 사용할 수 있는 전지를 2차 전지라 한다. 1859년 프랑스의 프란데는 충전하면 몇번이든지 사용할 수 있는 납축전지를 발명했다. 이것은 최초의 2차전지로 묽은 황산 속에 납의 전극을 넣은 구조였다. 현재 자동차의 배터리에 사용되고 있는 것과 같은 타입이다.

1897년, 일본의 시마즈 겐조는 10 암페어시의 용량을 가진 납축전지를 개발하여 Genzo Simazu의 이니셜을 따서 GS 배터리라는 상품명으로 판매했다.

1899년, 스웨덴의 융그너는 융그너 전지를, 1905년에 에디슨은 에디슨 전지를 만들었다. 이들 전지는 전해액으로 수산화칼륨을 사용하고 있으며 이것이 후일 알칼리 전지라 불리는 것이다.

1948년 미국의 뉴먼은 니켈·카드뮴 전지를 발명했다. 이것은 충전할 수 있는 건전지라는 점에서 획기적인 것이었다.

(3) 연료전지

**1939년
연료전지의
발명
글로브**

1939년, 영국의 글로브는 산소와 수소의 반응중에 전기 에너지가 발생한다는 것을 발견하고 실험에 의하여 연료전지의 가능성을 명백히 했다.

즉, 물을 전기분해하면 산소와 수소가 되는데 그 반대로 외부에서 양극측에 산소, 음극측에 수소를 보내어 전기 에너지와 물을 만드는 것이다.

글로브 당시에는 실험단계로서 실용화되지는 않았으나 1958년 케임브리지대학(영국)에서 출력 5kW의 연료전지가 완성되었다.

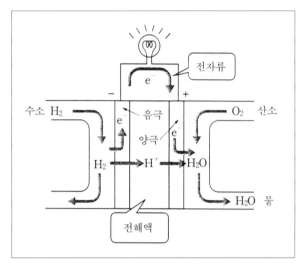

연료 전지의 구조

1965년, 미국의 GE가 연료전지의 개발에 성공하여 이 전지가 1965년 유인우주비행선 제미니 5호에 탑재되어 비행사의 음료수와 비행선의 전기 에너지로서 이용되고 있다.

또한 1969년 달표면에 도착한 아폴로 11호에도 선내용 전원으로 연료전지가 사용되었다.

(4) 태양전지

1873년, 독일의 지멘스는 셀렌과 백금을 사용한 광전지를 발명했다. 이 셀렌 광전지는 현재 카메라의 노출계에 사용되고 있다.

1954년, 미국의 샤핀은 실리콘을 사용한 태양전지를 발명했다. 이 실리콘 태양전지는 pn접합 실리콘에 태양빛이나 전등빛이 조사되면 전기 에너지가 발생하는 것이다.

인공위성이나 솔라 카, 또는 시계나 전자계산기 등에 널리 이용되고 있으며 더욱 변환효율이 높은 소자의 개발이 진행되고 있다.

**1954년
태양전지의
발명
샤핀**

인공위성에 사용되는 태양 전지

6 조명의 역사

영국의 산업혁명(1760년)으로 공장에서 「물품을 만드는」 이른바 대량 생산의 시대가 되었다. 이에 따라 야간의 조명이 중요한 요소로 등장했다.

1815년, 영국의 데이비는 볼타의 전지를 2,000개나 사용하여 아크를 발생시키는 유명한 실험을 했다.

**1815년
아크 등의 발명
데이비**

런던의 투광 조명 (1848년)

(1) 백열전구

1860년, 영국의 스완은 탄화면사로 필라멘트를 만들어 이것을 글라스구에 넣어 탄소선 전구를 발명했다.

**1860년
스완 전구의
발명
스완**

그러나 당시의 진공기술로는 장시간 필라멘트를 가열하여 점등시키는 것은 불가능했다. 즉 필라멘트가 글라스구 속에서 산화하여 연소되어 버렸던 것이다.

스완이 생각한 백열전구의 원리는 현재의 백열전구의 기원이며 그 후 필라멘트의 연구와 진공기술의 개발 등이 진전되어 실용화에 이르게 되었다. 스완은 대단한 발명을 했다고 할 수 있다.

1865년, 슈프링겔은 진공현상을 연구하기 위해 수은 진공 펌프를 개발했다. 이것을 알게 된 스완은 1878년에 글라스구 내의 진공도를 높이고 다시 필라멘트로서 면사를 황산으로 처리한 후에 탄화하는 등의 연구를 바탕으로 사용하여 스완의 전등을 발표했다. 이 백열전구는 파리 만국박람회에 출품되고 있다.

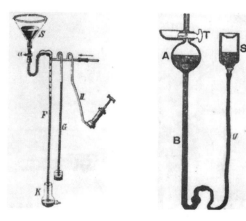

슈프링겔의 진공 펌프   스완의 전등

1879년, 미국의 에디슨은 백열전구를 40시간 이상 점등시키는데 성공했다.

1880년, 에디슨은 백열전구에 사용되는 필라멘트의 재료로서 대나무가 우수하다는 것을 발견하고 일본, 중국, 인도의 대나무를 채집하여 실험을 거듭했다.

에디슨은 직원인 무아를 일본에 파견하여 교토, 야하타에서 양질의 대나무를 구하여 약 10년에 걸쳐 야하타의 대나무로 필라멘트를 제조했다. 그 대나무 필라멘트 전구의 제조를 위해 1882년에 런던과 뉴욕에 에디슨 전등회사를 설립했다.

일본에서는 1886년에 도쿄전등회사가 설립되어 1889년부터 일반 가정에 백열전구가 보급되기 시작했다.

1910년, 미국의 크리지는 필라멘트에 텅스텐을 사용한 텅스텐 전구를 발명했다.

1913년, 미국의 랑뮤어는 글라스구 속에 가스를 봉입하여 필라멘트의 증발을 방지한 가스가 봉입된 텅스텐 전구를 발명했다.

필라멘트에 대나무의
탄화물을 사용한
에디슨 전구

1925년, 일본의 不破橘三은 내면 무광택 전구를 발명했다.

1931년, 일본의 三浦順一은 2중 코일 텅스텐 전구를 발명했다.

이상과 같은 경위를 거쳐 현재 우리들이 누리고 있는 백열전구를 이용한 일상생활이 존재하는 것이다.

(2) 방전 램프

1902년
방전 램프의
발명
휴잇

　1902년, 미국의 휴잇은 글라스구 내에 수은증기를 넣어 아크 방전시킨 수은 램프를 발명했다. 이 램프는 수은증기의 기압이 낮으면 자외선이 많이 나오기 때문에 살균 램프로 사용되고 있다. 또한 고압이 되면 강한 빛을 발한다.

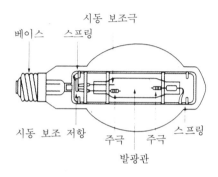

수은등

　현재 광장 조명이나 도로 조명에 널리 사용되고 있는 형광수은 램프는 수은의 아크 방전에 의한 빛과 자외선이 글라스구에 도포된 형광체에 닿아 발하는 빛을 혼합해서 이용하고 있다.

　1932년, 네덜란드의 필립스사는 파장이 590nm로 단색광을 발하는 나트륨 램프를 개발했다. 이 램프는 자동차 도로의 터널 조명에 널리 사용되고 있다.

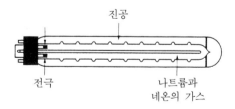

나트륨 램프

　1938년, 미국의 인먼은 현재 널리 사용되고 있는 형광 램프를 발명했다. 이 램프는 수은 아크 방전으로 생긴 자외선이 램프의 내측에 도포된 형광체에 닿아 여러 가지 색의 빛을 발하며 일반적으로는 백색 형광체가 많이 사용되고 있다.

7 전력기기의 역사

　1820년, 엘스테드의 전류에 의한 자기작용의 발견은 전동기의 기원이라고 할 수 있으며, 1831년 패러데이에 의한 전자유도의 발견은 발전기나 변압기의 기원이라고 할 수 있다.

(1) 발전기

1832년 발전기의 발명 빅시

　1832년, 프랑스의 빅시는 수동식 직류발전기를 발명했다. 이것은 영구자석을 회전하여 자속을 변화시켜 코일에 발생하는 유도기전력을 직류전압으로 얻는 것이다.

　1866년, 독일의 지멘스는 자려식의 직류발전기를 발명했다.

　1869년, 벨기에의 그람은 환상(環狀) 전기자를 만들어 환상 전기자형 발전기를 발명했다. 이 발전기는 수력 회전자를 회전시키는 것으로 개량 1874년에는 3.2kW의 출력을 얻게 되었다.

2상 방식에 의한 고튼의 대형 발전기

　1882년, 미국의 고튼은 2상 방식에 의한 발전기로 출력 447kW, 높이 3m, 무게 22톤의 거대한 발전기를 제작했다. 미국의 테슬러는 에디슨사에 있을 무렵 교류의 개발을 시도하였는데 에디슨은 직류방식을 고집했기 때문에 2상 교류발전기와 전동기의 특허권을 웨스팅하우스사에 팔았다.

1896년 교류송전의 개시 테슬러

　1896년, 테슬러의 2상 방식은 나이아가라 발전소에서 가동하여 출력 3,750kW, 5,000V를 40km 떨어진 버팔로시에 송전하고 있다.

　1889년, 웨스팅하우스사는 오리건주에 발전소를 건설하여 1892년에 15,000V를 비츠필에 송전하는데 성공했다.

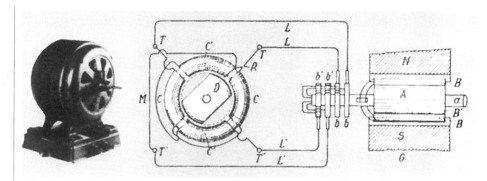

테슬러의 2상 발전기와 전동기 (오른쪽은 1888년 테슬러의 유도 전동기)

(2) 전동기

1834년, 러시아의 야코비가 전자석에 의한 직류전동기를 시험·제작했다.

1838년, 전지 320개의 전원으로 전동기를 회전시켜 배를 주행시켰다. 또한 미국의 다벤포트나 영국의 데비드슨도 직류 전동기를 만들어(1836년) 인쇄기의 동력원으로 사용하고 있었는데 전원이 전지였기 때문에 널리 보급되지는 않았다.

1887년, 테슬러의 2상 전동기는 유도 전동기로서 실용화를 기했다.

1897년, 웨스팅하우스는 유도 전동기를 제작하고 회사를 설립하여 전동기의 보급에 노력했다.

웨스팅하우스의 유도 전동기
(1897년)

(3) 변압기

교류 전력을 보내는 경우 교류 전압을 승압하여 수용가가 이용하는 경우에 보내 온 교류 전압을 강압하는데 변압기는 필수적이다.

1831년, 패러데이는 자기가 전기로 변환되는 것을 발견하여 이것이 변압기의 기원이 되었다.

고럴과 깁스의 변압기 (1883년)

1882년, 영국의 깁스는 「조명용, 동력용 전기배분방식」 특허를 취득했다. 이것은 개자로식 변압기를 배전용에 이용하는 것이었다.

웨스팅하우스는 깁스의 변압기를 수입, 연구하여 1885년에 실용적인 변압기를 개발했다. 또한 그 전해인 1884년 영국의 홉킨슨이 폐자로식의 변압기를 제작했다.

(4) 전력기기와 3상 교류기술

2상 교류는 4개의 전선을 사용하는 기술이었다. 독일의 도브로월스키는 권선을 연구하여 120°씩 각도를 변경한 3개의 점에서 분기선을 내어 3상 교류를 발생시켰다. 이 3상 교류에 의한 회전자계를 사용하여 1889년에 출력 100W의 최초의 3상 교류전동기를 제작했다.

같은 해 도브로월스키는 3상 4선식 교류 결선 방식을 연구하여 1891년에 프랑크푸르트의 송전 실험(3상 변압기 150VA)은 성공을 거두었다.

드리보 도브로월스키

8 전자회로 소자의 역사

현대는 컴퓨터를 포함하여 일렉트로닉스가 활발한 시대이다. 그 배경은 전자회로 소자가 진공관 → 트랜지스터 → 집적회로의 흐름으로 진전된 것과 밀접한 관계가 있다.

(1) 진공관

진공관은 2극관 → 3극관 → 4극관 → 5극관의 순서로 발명되었다.

2극관 : 에디슨은 전구의 필라멘트에서 전자가 방출되는 「에디슨 효과」를 발견했다.

1904년 영국의 플레밍은 「에디슨 효과」에서 힌트를 얻어 2극관을 발명했다.

플레밍의 2극관

3극관 : 1907년, 미국의 드 포레스트는 3극관을 발명했다. 당시에는 진 공기술이 미숙하여 3극관의 제조에 실패하였으나 개량을 거듭하는 과정에 서 3극관에 증폭작용이 있는 것을 발견, 드디어 일렉트로닉스 시대의 막 이 열리게 되었다.

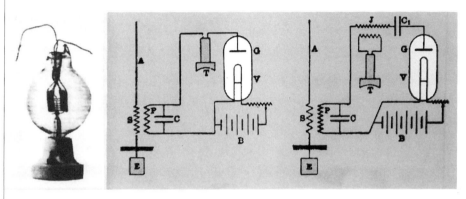

드 포레스트의 3극관

발진기는 마르코니의 불꽃장치에서 3극관에 의한 발진기로 되었다. 3극 관은 3개의 전극이 있으며 플레이트와 캐소드 및 그 사이에 제어 그리드 를 설치하여 캐소드에서의 전자류를 그리드로 제어하는 구조이다.

4극관 : 1915년, 영국의 라운드는 3극관의 그리드와 플레이트 사이에 또 하나의 전극(차폐 그리드)을 설치하여 플레이트에 흐르는 전자류의 일부 가 제어 그리드로 돌아 오지 않도록 연구했다.

5극관 : 1927년, 독일의 요브스트는 4극관에서 전자류가 플레이트에 충 돌하면 플레이트에서 2차 전자가 방출되므로 이것을 억제하기 위한 억제 그리드를 플레이트와 차폐 그리드 사이에 설치한 5극관을 발명했다.

이 외에 진공관의 크기를 소형으로 하여 초단파용으로 개량한 에이콘관 은 1934년에 미국의 톰프슨이 발명했다.

또한 진공관의 용기를 글라스가 아니고 금속제로 한 ST관(1937년), 형 상을 소형으로 한 MT관(1939년) 등이 발명되었다.

(2) 트랜지스터

반도체 소자를 대별하면 트랜지스터와 집적회로(IC)가 된다. 2차 대전 후에는 반도체 기술의 발달로 일렉트로닉스가 급격히 발전했다.

트랜지스터는 미국의 벨연구소에서 쇼크레이, 바딘, 브라텐에 의하여

1948년에 발명되었다.

이 트랜지스터는 불순물이 적은 게르마늄 반도체의 표면에 2개의 금속침을 접촉시키는 구조로 점접촉형 트랜지스터라고 한다.

1949년, 접합형 트랜지스터가 개발되어 실용화가 더욱 진전되었다.

1956년, 반도체의 표면에 불순물 원자를 고온으로 침투시켜 p형이나 n형 반도체를 만드는 확

실리콘 파워 트랜지스터

산법이 개발되었고 1960년에는 실리콘 결정을 수소 가스와 할로겐화물 가스 중에 놓고 반도체를 만드는 에피택시얼 성장법이 개발되어 에피택시얼 플레이너형 트랜지스터가 만들어졌다.

이와 같은 반도체 기술의 발전은 집적 회로의 탄생으로 이어졌다.

(3) 집적회로

1961년
IC의 발명
텍사스인스
트루먼트사

1956년경 영국의 다머는 트랜지스터의 원리로부터 집적회로의 출현을 예상했다.

1958년경, 미국에서도 모든 회로소자를 반도체로 만들어 집적회로화하는 것이 제안되었다.

1961년 텍사스인스트루먼트사는 집적회로의 양산을 시작했다.

집적회로는 하나 하나의 회로소자를 접속하는 것이 아니라 하나의 기능을 가진 회로를 반도체 결정 중에 매입하는 개념의 소자이므로 소형화를 기할 수 있고 접점이 적기 때문에 신뢰성이 향상되는 이점이 있다.

집적회로는 해를 거듭할수록 그 집적도가 증가하여 소자수 100개까지의 소규모 IC에서 100~1,000개의 중규모 IC, 1,000~100,000개의 대규

고밀도 집적 회로

모 IC, 100,000개 이상의 초대형 IC의 순으로 개발되어 여러 가지의 장치에 사용되었다.

제 1 장

전기는 어떠한 성질을 가지고 있는가

전기는 라디오나 텔레비전, 에어컨, 전등, 시계, 전화, 자동차 등 모든 것에 사용되고 있다고 해도 과언이 아닐 정도로 일상생활에서 널리 이용되고 있다.

그러면 도대체 전기란 무엇인가?

전기는 어떠한 성질을 가지고 있는가?

기원전 옛날, 그리스인은 마찰 전기와 자기에 대해서, 또한 중국인은 자기에 대해서 이미 지식이 있었다고 한다.

우선 이것부터 알아 본 다음에 마찰 전기가 왜 일어나는가, 그 원인을 명확히 밝히고, 전기의 모양 · 정체 · 실체는 어떠한 것인가? 왜 물질은 전기를 가지고 있으며 전기를 전달하기 쉬운 물질과 전달하기 어려운 물질이 있는가? 그리고 전자가 흐른다는 것과 전류의 방향은 어떠한 관계가 있고 또 전류와 전하 사이에는 어떠한 관계가 있는가?

제1장에서는 이러한 의문을 풀어보기로 한다.

전기의 역사

1 기원전에 이미 호박과 자석에 대한 지식이 있었다

기원전 600년경에 그리스에 탈레스라고 하는 과학자가 있었다.

탈레스는 당시의 그리스인들이 양모나 모피로 강하게 문지른 호박(수지가 화석화하여 고화된 것)을 가지고 새털 등과 같은 가벼운 것을 끌어 올리거나 자철광으로 철편을 흡인하는 것을 보고 그 원인을 규명하기 위해 그 자신이 직접 실험에 착수했다.

그러나 당시의 지식으로는 명확한 결론을 얻을 수 없었고 「만물은 신들로 차 있다. 일렉트론은 새털을 끌어당기고 마그니스는 철을 끌어 당기므로 그것들은 신령을 가지고 있을 것이다」라고 설파하였다고 한다.

탈레스

여기서 일렉트론은 그리스어로 호박, 마그니스는 자철광을 말한다. **일렉트리시티**(electricity, 전기)나 **마그넷**(magnet, 자석)의 어원은 호박, 자철광의 그리스어이다.

기원전 2500년경 중국인들은 천연 자석에 대해 알고 있었다고 한다.

기원전 1000년경 「여씨 춘추」라는 책속에는 나침반에 대해서 기술되어 있으며, 중국에서는 오래전부터 방위를 찾아내는 데 자침을 사용하고 있었던 것으로 보인다.

2 기원전의 지식은 오랜 동안 정체기에 있었다

기원전에 하나의 현상으로서 알려져 있던 마찰 전기에 대해서는 그 후 오랜 동안 별다른 진전이 없었다.

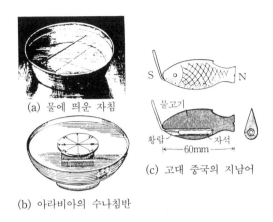

(a) 물에 띄운 자침

(b) 아라비아의 수나침반

(c) 고대 중국의 지남어

그림 1

또한 나침반은 13세기에 들어서도 바늘 형상을 한 자침광을 지푸라기 위에 얹어 물에 띄워 항해하는 정도였다. 14세기초 자침을 실로 매단 항해용 나침반이 만들어졌다.

이와 같은 나침반은 1492년 콜롬부스의 미국 대륙 발견, 1519년 마젤란의 세계 일주 항로 발견 등에 많은 도움이 되었다고 생각된다. 나침반은 유럽 중세의 3대 발명품중 하나이다.

3 엘리자베스 여왕의 주치의 길버트의 공적

그림 2 엘리자베스 여왕 앞에서 실험하는 길버트

엘리자베스 여왕의 주치의인 길버트는 의사로서의 일 외에 자기에 대한 연구도 하였는데, 그 실험 성과를 정리하여 1600년 「자기에 대해서」라는 책을 출간하였다. 그는 책 속에서 지구는 큰 자석이라고 했으며 **복각**(伏角)에 대해서 설명하였다(73페이지 참조).

또한 마찰시킨 호박이 새털을 끌어 당기는 현상을 연구한 결과 호박만이 아니고 유황, 유리, 수정, 다이어몬드에서도 이런 현상이 있는 것을 밝혀냈다.

그리고 또 길버트는 정전력을 연구하기 위해 구식 **검전기**를 고안하였다.

당시는 주로 사색에만 의존한 연구 방법이 성행했는데 길버트는 참된 연구는 실험을 기초로 해야 한다고 주장하고 또 이를 실천하였다. 이것을 근대 과학 연구의 시발점으로 보며 그 후의 과학 진전에 영향을 준 점에서 그의 공적은 높이 평가받고 있다.

4 프랭클린의 연 실험과 그 후의 연구

마찰 전기에는 두 종류의 전기가 있고 이것에 **플러스 전기, 마이너스 전기**라고 이름을 붙인 것은 프랭클린이다.

1746년 네덜란드의 라이덴 대학 교수 뮈센브르크는 정전기를 축적할 수 있는 **라이덴병**을 발명하였다.

1752년 6월 프랭클린은 연을 뇌운 속에 띄어 정전기를 라이덴병에 담는 일에 성공하였다. 그 실험 결과 뇌운이

그림 3 프랭클린의 연 실험

때로는 「＋」로, 또 때로는 「－」로 대전하는 것을 발견하였다.

1791년 이탈리아의 갈바니는 「동물 전기」라는 제목으로 논문을 발표했는데, 이것에 의문을 가진 이탈리아의 볼타는 1800년 「이종 도전 물질의 접촉에 의해 발생하는 전기에 대해서」라는 논문을 발표하였다.

볼타는 후에 「**볼타의 전지**」라고 불리는 전지를 발명했는데, 이 전지에 의해 연속적으로 전류를 흘릴 수 있게 되어 전기에 대한 연구는 한 단계 진보하게 된다.

1820년 코펜하겐 대학 교수 엘스테드는 볼타의 전지에 연결해 둔 도선 곁에서 자침이 회전하는 것을 발견하였다.

이상은 여명기의 대표적인 사항들이다.

Let's review

1. 길버트는 자기에 대해 연구한 결과 지구를 무엇에 비유하였는가?
2. 프랭클린은 뇌운속에 연을 띄어 무엇을 라이덴병에 담았는가?

마찰 전기가 일어나는 이유

전기는 차체의 외측을 흐르기 때문에 안전하다.

자동차를 멈추고 금속부에 접촉되지 않게 주의하면서 기다리자.

1 일상적으로 경험하는 마찰 전기

우리들은 일상 생활속에서 이따금 마찰 전기라고 하는 현상에 접하게 된다. **그림 1** (a)는 셀룰로이드 책받침을 문질러 머리 위에 대면 머리카락이 책받침에 흡인되는 상태를 나타낸 것으로 어릴 때 한 두 번쯤은 이유도 모른 채 실험해 본 기억이 있을 것이다.

그리고 그림 (b)는 셔츠 등을 벗을 때 짝짝하는 소리가 나는 것을 나타낸 것이다.

이 예와 같이 마찰에 의한 전기 현

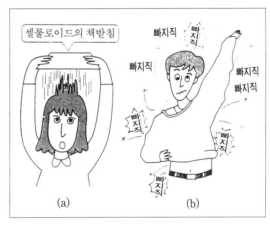

셀룰로이드의 책받침

빠지직 빠지직 빠지직 빠지직 빠지직 빠지직 빠지직

(a)   (b)

그림 1 마찰 전기

상은 특별히 인체에 위험하지는 않다. 그러나 다음에 예를 들게 될 마찰 전기는 인체에 대한 위험은 없어도 화재나 폭발과 같은 재해를 일으킬 수 있어 산업계에서는 방호 대책을 세우고 있다.

2 마찰 전기로 인한 사고의 방지

물질을 마찰하면 정전기가 발생한다. 액체나 분체를 파이프로 보내는 경우, 혼합하거나 분무하는 경우에도 마찰 전기가 일어난다.

마찰 전기로 인한 사고는 석유 · 가솔린 · 프로판 가스 등을 취급하는 곳에서 일어날 가능성이 있다. 또한 플라스틱이나 곡물 등과 같은 가루를 취급하는 곳은 분진 폭발의 위험성도 있다(**그림** 2).

이러한 사고를 방지하기 위해 다음
과 같은 방법을 철저히 지켜야 한다.

(1) 마찰이 일어날 가능성이 있는
공정을 최대한 적게 한다.

(2) 유체의 속도를 느리게 한다.

(3) 습도를 높여 마찰 전기가 발생
하기 어려운 환경으로 만든다.

(4) 전기가 일어났을 때 전기가 지
중으로 흐르도록 기기류를 어스한다.

그림 2

(5) 마찰 전기가 일어나기 어려운 재료를 사용한다.

(6) 대전 방지용 의류를 착용한다.

마찰 전기 이외에도 누전 · 단락 · 감전으로 인한 사고가 있으므로 전기 기구 취급에
주의한다.

3 | **플러스의 전기와 마이너스 전기**

그림 3은 어린이가 모래밭에서 놀고 있는 그림이다.

이 경우 전기에 비유하면 머리에, 얼굴에, 피부에, 그리고 옷·손·모래삽·모래에도
플러스와 마이너스 전기가 있다. 즉, 모든 물질은 플러스 전기와 마이너스 전기로 되어
있다고 생각할 수 있다.

그림 3   +전기와 −전기

여기서는 플러스 전기를 ⊕, 마이너스 전기를 ⊖로 표시하고 있다.

이 ⊕와 ⊖로 인해 마찰 전기가 발생하는 데, 이것을 다음 예로 살펴보기로 하자.

4 마찰 전기가 일어나는 이유는

모든 물질이 플러스와 마이너스 전기를 가지고 있다면 그 물질을 마찰할 때 $\oplus$와 $\ominus$는 어떻게 되는가?

그림 4 (a)는 유리를 견포로 문질렀을 때 $\oplus$와 $\ominus$가 어떻게 되는가를 나타내고 있다. 문지르지 않은 부분은 $\oplus$와 $\ominus$가 균형을 이루어 외부에 전기적인 성질을 나타내지 않지만 문지른 곳은 그림과 같이 유리의 $\ominus$가 견포로 이동한다. 따라서 유리는 플러스, 견포는 마이너스 전기를 갖게 된다.

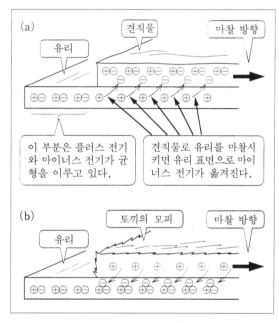

그림 (b)는 유리를 모피로 마찰했을 때 모피의 $\ominus$가 유리로 이동하여 모피가 플러스, 유리가 마이너스 전기를 띤 상태를 나타내고 있다.

이와 같이 동일한 물질(유리)이라도 문지르는 상대 물질에 따라 플러스 전기가 되거나 마이너스 전기가 되거나 한다. 패러데이는 여러 가지 물질에 대해서 실험하여 다음과 같은 결과를 얻었다.

(＋) 석면, 토끼털, 유리, 납, 명주, 모직물, 알루미늄, 목면, 파라핀, 호박, 에보나이트, 니켈, 유황, 금, 셀룰로이드(－)

그림 4 마찰 전기가 일어나는 이유

이 일련의 물질을 **정전 서열**, **마찰 전기 서열**, **마찰 서열** 등이라고 한다.

예를 들면, 호박과 에보나이트를 마찰하면 좌측의 호박이 (＋), 우측의 에보나이트가 (－)가 된다.

Let's review

1. 분진 폭발은 어떠한 작업장에서 일어날 수 있는가?
2. 에보나이트를 모직물로 마찰하면 에보나이트는 ＋, － 중 어느 전기를 갖게 되는가?
3. 셀룰로이드로 머리를 문지르면 마이너스 전기는 어느 물질로 이동하는가?

3 전기의 실체는 어떠한 것인가

1 원자와 전자

모든 물질은 전기를 가지고 있다고 말했다. 그리고 많은 과학자들에 의해 전기의 실체가 연구되어 우선 모든 물질은 **원자**로 되어 있는 것을 알았다. 또한 원자는 **원자핵**과 **전자**로 구성되고 원자핵은 **프로톤**과 **뉴트론**으로 구성되어 있다는 것이 밝혀졌다.

그림 1은 원자의 구조와 원자핵의 구조를 나타내고 있다. 그림 (a)는 +전기를 갖는 원자핵 주위를 전자가 회전하고 있는 그림이다.

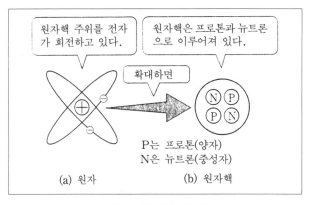

그림 1 원자와 원자핵

원자핵은 +전기를 가진 **프로톤(양자)** P와 전기를 갖지 않은 **뉴트론(중성자)** N으로 구성되어 있으며 그림 (b)와 같은 모형이 된다.

이 예는 −전기를 가진 전자가 2개, +전기를 가진 프로톤이 2개인 헬륨이다. 원자는 이와 같이 전자의 갯수와 프로톤의 갯수가 동일하며, +와 −가 균형을 이루어 외부에서 어떠한 영향을 가하지 않는 한 전기적인 성질을 나타내지 않는다. 그리고 전자, 프로톤, 뉴트론의 수에 따라 수소, 금, 고무 등으로 물질의 종류가 달라진다.

2 원자의 크기

원자의 직경은 약 10^{-10}m라고 하지만 전혀 예측을 할 수 없다. 그래서 **그림 2**와 같이 기타 다른 물질과 비교해서 원자 크기를 상상해 본다. 우선 지구와 골프공의 비교이다. 지구의 직경은 골프공 직경의 약 $10^{8.5}$배, 골프공은 지구의 $1/10^{8.5}$이다. 그 비와 동일한 비가 골프공과 원자 크기의 비이다. 원자의 크기는 이 정도로 작다.

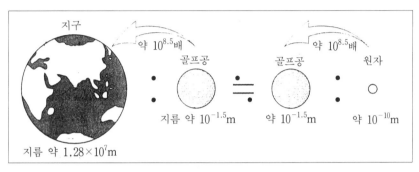

그림 2 원자의 크기와 지구, 골프공과의 비교

3 전자와 프로톤의 무게 비교

－전기를 갖는 전자 ⊖의 무게는 9.105×10^{-31}kg, 즉 9.105를 $\overbrace{1000 \cdots \cdots 00}^{31개}$으로 나눈 값으로 도저히 상상할 수 없는 작은 값이다.

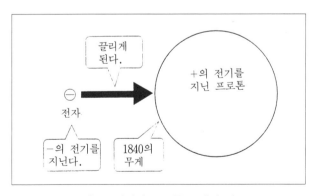

그림 3 전자와 프로톤 무게의 비교

한편, 프로톤은 전자 무게의 약 1,840배로 알려져 있다. 이와 같이 무게는 상당히 다르지만 전자 1개의 －전기와 프로톤 1개의 ＋전기의 크기는 동일하다.

＋전기와 －전기는 서로 끌어당겨 여러 가지 현상을 일으킨다. 이 때 ＋전기와 －전기 어느 쪽이 움직이는가는 무게를 비교해 보면 당연히 ＋전기의 1,840분의 1무게를 가

진 −전기가 끌려갈 것이다. 즉, 전기 현상의 실체는 전자 ⊖의 이동으로 본다. 이제부터는 전자의 과부족이나 전자의 흐름에 기초하여 전기 현상을 조사해 보자.

4 물질의 구조와 전자의 움직임

그림 4는 물질의 구조를 나타내고 있다. 모든 물질은 이와 같이 +전기를 가진 원자핵과 −전기를 가진 전자로 구성되어 있다.

여기서 이 물질을 마찰한다든가 전압을 가하는 등 외부에서 어떠한 영향을 주면 전자 ⊖가 이동하게 되어 여러 가지 전기 현상을 일으킨다.

이미 기술한 마찰 전기 현상은 마찰에 의해 전자가 한쪽 물질에서 다른쪽 물질로 이동하면 전자가 많은 물질과 전자가 적은 물질이 생기게 되고 이것이 원인이 되어 일어나는 것으로 보고 있다.

그림 4는 전자 2개를 갖는 원자로서 나타내고 있지만, 이것은 일종의 모형이며 특히 헬륨(전자 2개의 원자를 갖는 물질)에 한정한 것은 아니다(이후의 그림도 같다).

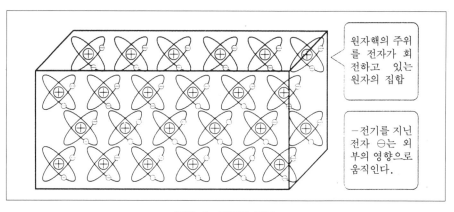

원자핵의 주위를 전자가 회전하고 있는 원자의 집합

−전기를 지닌 전자 ⊖는 외부의 영향으로 움직인다.

그림 4 물질의 구조

Let's review

1. 원자핵은 무엇으로 구성되어 있는가?
2. 프로톤은 +전기를 가지고 있는가, 또는 −전기를 가지고 있는가?
3. 전자는 +전기를 가지고 있는가, 또는 −전기를 가지고 있는가?
4. 전자 1개의 무게는 프로톤의 몇 배인가?
5. 왜 프로톤이 이동하지 않고 전자가 이동하는가?
6. 전기의 실체는 무엇인가?

1　원자 모형

지금까지 원자핵 주위를 2개의 전자가 회전하고 있는 **그림 1** (a)의 원자 모형을 만들어 설명하였다.

원자핵의 +전기와 전자의 −전기는 동일한 양으로 균형을 이루고 있다. 또, 프로톤의 수와 전자의 수는 동일하다.

여기서는 그림 (b)와 같은 원자 모형

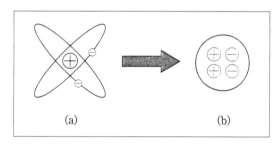

그림 1　원자모형

을 만들어 이 모형으로 +전기와 −전기를 설명하기로 한다.

단, 프로톤 2개, 전자 2개인 원자는 헬륨 원자지만 설명 관계상 일반 원자를 나타내는 것으로 한다.

2　+전기 또는 −전기를 나타내는 이유

그림 2 (a)를 보면 +전기 $\oplus$와 −전기 $\ominus$를 한쌍으로 해서 2개를 점선으로 묶어 놓았다. $\oplus$의 수와 $\ominus$의 수가 같고 전기적으로 균형을 이루고 있기 때문에 이러한 원자는 외부에 대해서 **중성**, 즉 +전기도 −전기도 나타내지 않는 상태로 생각한다. 그런데 외부에서 어떠한 힘이 가해지면 그림 (b)와 같이 전자가 뛰어 나간다. 그러면 원자 안은 전기적으로 $\oplus\oplus + \ominus = \oplus$가 되어 +전기가 나타난다.

마찬가지로 그림 (c)의 경우는 전자 2개가 모두 뛰어 나가 +전기가 나타난다. 그림 (b)와 그림 (c)를 비교하면 전기적으로 그림 (c)의 원자는 그림 (b) 보다 2배나 많은 +전기를 갖게 된다.

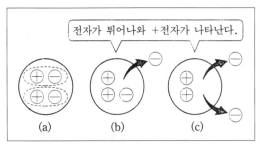

그림 2 +전기가 나타나는 이유

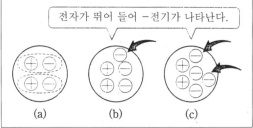

그림 3 −전기가 나타나는 이유

그림 3 (a)는 전기적으로 중성 원자이다. 지금 외부에서 어떠한 힘이 가해져 원자 안에 전자 1개가 뛰어 들어갔다고 한다. 이 경우 ⊕⊕+⊖⊖⊖=⊖가 되어 −전기가 나타난다.

마찬가지로 그림 (c)의 경우는 전자 2개가 뛰어 들어갔기 때문에 −전기가 나타난다. 그림 (b)와 그림 (c)를 비교하면 전기적으로 그림 (c)의 원자는 그림 (b) 보다 2배나 많은 −전기를 갖게 된다.

3 +전기와 −전기의 흡인

자연계의 현상을 보면 항상 안정된 상태가 되려는 경향을 알 수 있다. 물은 수위가 높은 쪽에서 낮은 쪽으로 흘러 안정된 상태가 되려 하고 열은 높은 쪽에서 낮은 쪽으로 이동하려고 한다.

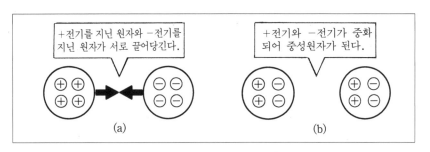

그림 4 +전기와 −전기의 흡인

전기도 마찬가지이다. 항상 안정된 상태, 즉 전기적으로 중성 원자가 되려고 한다.

그림 4 (a)는 +전기만 가진 원자와 −전기만 가진 원자가 **상호 끌어당기고 있는 것**을 나타내고 있다.

그 결과 안정된 상태가 되려고 그림 (b)와 같이 +전기와 −전기가 한쌍으로 된다. 즉, 외부에 대해서 어떠한 전기적 성질을 나타내지 않는 상태가 된다. 이렇게 성질이 다른 전기가 융합되어 전체적으로 전기의 특성을 상실하는 것을 **중화**(中和)라고 한다. 그림 (b)는 +전기와 -전기가 중화되어 중성 원자가 되어서 안정된 상태임을 나타내고 있다.

4 동종 전기끼리의 반발

다음에 **그림 5** (a)와 같이 +전기만을 가진 원자에 +전기만을 가진 원자가 주어진 경우에 대해서 생각해 보자.

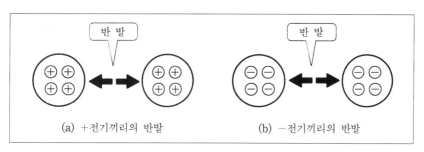

(a) +전기끼리의 반발   (b) -전기끼리의 반발

그림 5 동종 전기의 반발

원자가 안정된 상태가 되려고 하는 관점에서 보면, 한쪽 원자에 ⊕가 이동했을 경우 그림 (a)의 상태 이상으로 불안정한 상태가 되므로 ⊕를 주고 받지 않는다. 안정된 상태가 되기 위해서는 +전기가 없는 쪽으로 이동해야만 한다.

이상은 그림 (b)의 -전기끼리의 원자도 마찬가지다.

즉, 동종 전기끼리는 **서로 반발하여** 멀어지려고 하는 힘이 작용하게 된다.

이상과 같이 전자는 어떠한 힘으로 이동하고 그 결과로 +전기 또는 -전기가 나타난다고 생각되고 있다. 이렇게 해서 나타난 + 또는 -전기가 여러 가지 전기 현상을 야기시키는 것이다.

Let's review

1. 원자핵은 +전기를 갖는다. 이 전기의 실체는 무엇인가?
2. 다음 문장의 (   ) 안에 적절한 용어를 넣어라.
   (1) +와 -전기가 동일한 원자를 (①)원자라고 한다.
   (2) 원자는 항상 (②)된 상태가 되려고 하고 (③)가 이동하여 전기적으로 융합하여 외부에 전기가 나타나지 않게 된다.
   (3) 동종 전기끼리는 상호 (④)하는 힘이 작용한다.

5 전자의 흐름

도체는 자유 전자의 바다와 같은 것

자유 전자의 바다

1 전자가 있는 물질과 없는 물질

모든 물질은 원자로 되어 있으며, 그 원자는 프로톤(+전기)을 가지는 원자핵과 전자(-전기)로 구성되어 있는 것을 알았다.

그런데, 지금 **그림 1**에 나타냈듯이 전자가 없는 상태의 물질 A와 다수의 전자가 들어가 있는 물질 B에 대해서 생각해 보기로 하자.

우선 이와 같은 물질 A, B의 원자는 어떻게 되어 있는가? **그림 2**는 나트륨 원자의 구조이다. 원자핵을 중심으로 둥심원상으로 전자가 회전하고 있다. 가장 안쪽 원에는 2개의 전자, 다음 원에는 8개의 전자, 가장 바깥쪽 원에는 1개의 전자가 회전하고 있다.

그리고 가장 바깥쪽 전자는 원자핵에서 멀리 떨어져 있기 때문에 원자핵과 결합하는 힘이

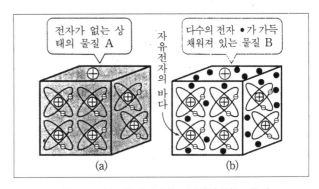

전자가 없는 상태의 물질 A

자유 전자의 바다

다수의 전자 •가 가득 채워져 있는 물질 B

(a) (b)

그림 1 자유 전자가 있는 물질과 없는 물질

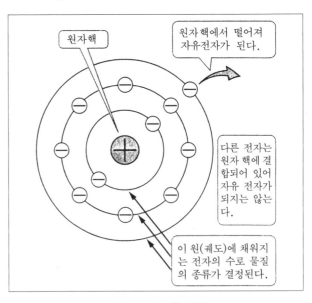

원자핵

원자핵에서 떨어져 자유전자가 된다.

다른 전자는 원자 핵에 결합되어 있어 자유 전자가 되지는 않는다.

이 원(궤도)에 채워지는 전자의 수로 물질의 종류가 결정된다.

그림 2 나트륨 원자

약해 원자핵에서 떨어져 자유롭게 돌아 다닐 수 있다. 이와 같은 전자를 **자유 전자**(free electron)라고 한다.

한편, 원자핵에 가까운 궤도를 회전하고 있는 전자(2+8=10개)는 원자핵에 단단히 묶여 있어 자유 전자가 되기 어렵다.

사실 「－전기」란 이 자유 전자가 가지고 있는 전기를 말한다. 또, 자유 전자가 외부에 나가면 나머지 물질은 －전기가 부족한 상태가 된다. 이 상태에서 물질이 가지는 전기가 ＋전기이다. 또한 그림 2에 나타냈듯이 동심원이 몇 개 있고 각각의 원(**궤도**)을 회전하는 전자의 수는 정해져 있다. 그리고 원자에 있는 전자의 수(물론 원자핵의 프로톤 수도)에 따라 물질의 종류가 다르다.

이상에서 그림 1 (a)의 전자는 원자핵에 연결되어 있고 특히 물질 B에는 자유 전자가 다수 들어가 있다. 또, 자유 전자가 없는 물질이 A이다.

---

2 물질 A, B의 새로운 모형

그림 1은 상당히 실제에 가까운 모형이지만 좀더 단순한 모형을 **그림 3** (a)에 나타내었다. 물질 A는 원래 자유 전자나 다른 전자가 있고 전체적으로는 전기적으로 중성이었다. 이 물질에 외부에서 힘이 가해져 전자가 부족하게 되었고 그 결과 ＋전기를 띠게 되었다. 그림 (a)는 그와 같은 물질을 나타낸 것이다.

또, 그림 (b)는 물질 B를 나타낸 것으로 수많은 자유 전자가 있어 「자유 전자의 바다」라고 할 수 있는 상태이다.

이 두 종류의 물질속에 있는

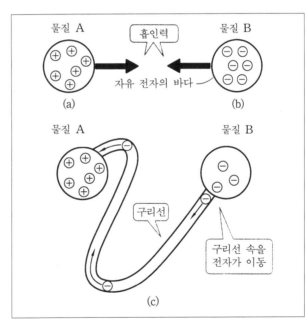

그림 3 전자의 이동

전기는 서로 끌어당긴다. 여기서 구리 전선으로 이 물질을 접속한다. 그림 (c)는 그 상태를 나타내고 있다.

전선은 서로 흡인하는 전기의 교량 역할을 하게 된다. 즉, 물질 B안의 자유 전자가 물질 A의 +전기에 끌려가 전선내를 이동하게 된다.

　이것이 전자의 흐름, 바꾸어 말하면 **전자류**로 물질 A, B가 중화할 때까지 이 전자류가 흐른다.

3　전자가 움직이는 속도

　지금까지 전자가 흐르는 형상에 대해 배워왔는데, 그럼 어느 정도의 속도로 흐르는 것일까?

　그림 4는 긴 파이프 안에 골프공이 채워져 있는 것을 나타내고 있다.

　지금 파이프 입구에서 공을 넣으면 그 공이 나오지는 않지만 움직임이 전달되어 즉시 다른 공이 출구에서 나온다.

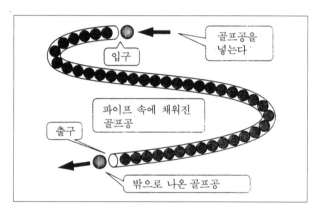

그림 4　골프공의 이동

　이것과 동일한 개념하에서 전기적인 힘(**전계**(電界)라고 한다)이 전자에 작용하면 광속(3×10^8m/s)과 동일한 속도로 전자가 이동한다.

　이와 같은 전자의 이동이 전류의 실체이다.

Let's review

　1. 나트륨의 경우 가장 바깥쪽 궤도를 회전하고 있는 전자는 밖에서 힘이 가해지면 원자 밖으로 뛰어 나간다. 이와 같은 전자를 무엇이라고 하는가?

　2. 원자핵을 중심으로 해서 동심원상의 궤도를 회전하는 전자가 있다. 물질의 종류는 이 전자나 원자핵과 어떠한 관계가 있는가?

　3. 자유 전자가 도선내를 움직이는 속도는 어느 정도로 보면 되는가?

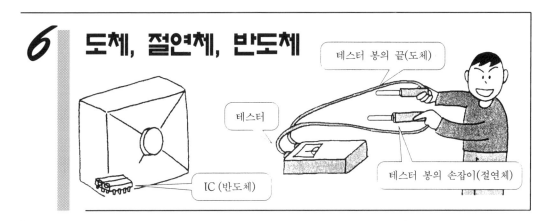

1 도체와 절연체

물질중에는 전기를 잘 전달하는 것과 전달하지 못하는 것이 있다. 전기를 전달하는 것을 **도체**라고 하고 전달하지 못하는 것을 **절연체**라고 한다.

예를 들면 **그림 1** (a)에 나타낸 알루미늄, 동, 은, 철 등과 같은 금속은 도체이고 그림 (b)에 나타내는 염화 비닐, 자기, 고무, 셀룰로이드 등은 절연체이다.

그러면 도체와 절연체는 어떠한 방법으로 분류할 수 있는가?

그림 2는 도체와 절연체를 원자라는 관점에서 나타낸 것이다.

그림 1 도체와 절연체

그림 (a)는 도체의 예인데, 금속의 원자는 그림과 같이 자유 전자의 바다 속에 있다고 본다. 이것은 이미 배운 바와 같이 원자핵을 중심으로 회전하는 전자중에서 가장 바깥측 궤도를 회전하는 전자가 자유 전자로 되기 쉽기 때문에 생기는 현상이다.

한편, 그림 (b)는 절연체의 예이다. 절연체는 그림과 같이 자유 전자가 없는 상태의 물질이다. 즉, 원자핵을 중심으로 회전하고 있는 전자는 원자핵에 끌어 당겨져 단단히 결박되어 있는 상태이기 때문에 자유 전자가 생기지 않게 된다.

그렇다고는 하지만 절연체에 외부에서 상당히 큰 힘(전계)을 가하면 원자핵에 연결되어 있던 전자가 자유 전자로 되어 이동하게 되는 데 이런 현상을 **절연 파괴**라 한다.

이상과 같이 도체와 절연체의 차이는 자유 전자가 있는가 없는가에서 비롯된다.

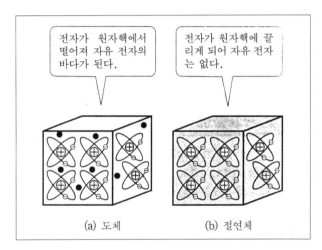

그림 2   도체와 절연체의 원자와 자유 전자

2 반도체란

자유 전자가 흐르기 쉬움의 역수, 즉 흐르기 어려움을 나타내는 것에 **저항률**이 있다. 저항률의 단위는 [$\Omega \cdot m$]이다.

일반적으로 도체의 저항률은 $10^{-10} \sim 10^{-6} \Omega \cdot m$ 정도로 낮고 절연체 저항률은 $10^{8} \Omega \cdot m$ 이상으로 높다.

그리고 저항률이 도체와 절연체의 중간인 물질을 **반도체**라고 한다.

그림 3은 도체, 절연체, 반도체의 저항률을 나타낸 것이다.

트랜지스터, 다이오드, 집적 회로(IC) 등의 재료로 실리콘이 사용되고 있는데, 실리콘은 반도체이다.

저항률은 온도에 따라 변화하는데 특히 반도체 저항률은 그 변화의 정도가 크다.

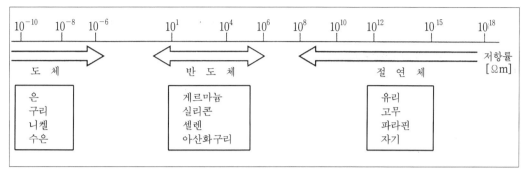

그림 3 도체, 반도체, 절연체의 저항률

3 **반도체의 구조**

그림 4는 대표적인 반도체인 실리콘 단결정 구조를 나타낸 것이다. 실리콘 원자는 가장 바깥쪽 궤도를 4개의 전자가 회전하는 구조로 되어 있다. 이 전자를 **가전자**(價電子)라고 한다.

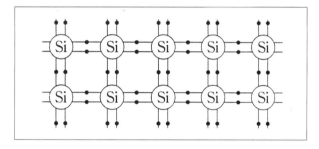

그림 4 실리콘 Si의 단결정

실리콘 단결정은 원자가 규칙적으로 배열되어 있고, 하나 하나의 실리콘 원자는 가전자를 상호 공유하면서 결합하고 있다. 이와 같은 결합을 **공유 결합**이라고 한다.

실리콘 결정에 열이나 빛 또는 전계를 가하면 가전자는 원자핵의 결합에서 벗어나 자유 전자로 되어 결정내를 자유롭게 돌아다니게 된다.

또한 가전자가 3개, 5개인 원자를 불순물로 혼합하면 p형, n형 반도체가 된다.

Let's review

1. 다음 문장 (   ) 안에 적절한 용어를 넣어라.
   (1) 은이나 동과 같은 금속은 전기를 전달하므로 이것을 (①)라고 하고, 고무나 비닐 등은 전기를 전달하지 않으므로 이것을 (②)라고 한다.
   (2) 도체와 절연체의 차이점은 (③)가 있는가 없는가의 차이라고 할 수 있다.
2. 저항률이 도체와 절연체 중간인 물질을 무엇이라고 하는가?
3. 트랜지스터나 IC의 재료는 무엇인가?

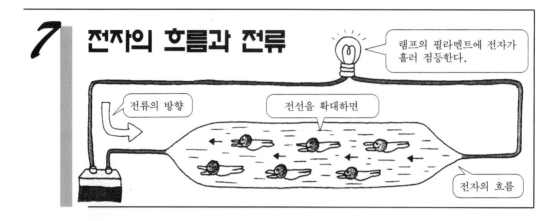

1 전자의 흐름과 전류

1896년 J. J. 톰슨은 전자의 존재를 학계에 발표하였다. 그때까지는 **그림 1** (a)와 같이 +전기가 -전기쪽으로 흐른다는 가정하에 여러 가지 전기 현상을 설명하고 전기에 관한 법칙을 만들어 왔다.

그러나 전자의 존재가 밝혀지면서 전자의 흐름으로 여러 가지 전기 현상이 일어난다는 것이 인식되기 시작했다.

전자의 흐름, 즉 전자류(electron current)는 그림 (b)에 나타냈듯이

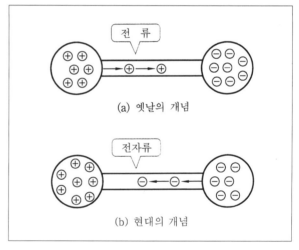

그림 1 전류와 전자류

자유 전자가 과잉 부분(마이너스측)에서 전자가 부족한 부분(플러스측)으로 흐르게 되는데 이것이 현대적 사고 방식이다.

그림 1의 (a), (b)에서 전자류가 흐르는 방향과 반대로 전류가 흐르게 된다.

그러나 실제로는 전류라는 용어를 사용하여 전기 현상이 설명되고 있기 때문에 의아해 하는 독자가 많을 것으로 본다. 그러나 걱정할 필요는 전혀 없다.

+전기가 -측으로 이동하거나(전류), -전기(전자)가 +측으로 이동하거나(전자류), 전기가 중화되어 안정된 상태가 된다고 하는 현상은 동일하기 때문이다.

그림 2는 새로운 전류의 방향과 전자류의 방향이 반대인 것을 나타낸 것이다. 이것은 이제부터 기술하는 전기 현상을 이해하는 데 중요하다.

●**쿨롬(1736~1806년)**

프랑스의 앵그레임에서 태어났다. 파리에서 공부하고 육군 기술 장교가 됐지만 후에 전자기학 연구를 시작하였다.

1785년 비틀림 저울을 발명하고 이것을 사용하여 2개의 대전체간에 작용하는 흡인력 또는 반발력이 대전체 전기량의 곱에 비례하고 거리의 제곱에 반비례하는 것을 발견하였고 나아가 자기에 대해서도 동일하게 성립된다는 것을 증명하였다. 전기량의 단위 [C]은 그의 이름을 딴 것이다.

그런데 그림에 표시된「마이너스 전하」는 무엇을 가리키는가?

사실은 전자가 가진 전기의 양, 즉 전기량에 쿨롬(단위 기호 C)이라고 하는 단위를 사용하는데,「1쿨롬의 전기가 1초간에 어떠한 단면을 통과했을 때 흐르는 전류를 1암페어」라고 정하고 있다.

이 경우의 1쿨롬의 전기, 이 전기를「전기가 짊어진 것」이라는 의미에서 **전하(電荷)**라고 한다.

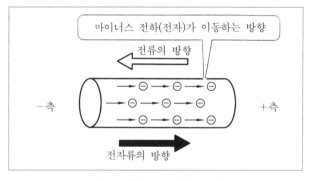

그림 2 전류와 전자류의 방향

2   전류와 전하의 관계

전류의 본질은 전자(마이너스의 전하)의 흐름이라는 것을 알았다. 그러면 전류와 전하간의 관계를 식으로 나타내 보자.

지금, t초간에 Q[C]의 전하가 전선의 단면을 통과한다고 하면 그때 흐르는 전류 I[A]는 다음 식으로 나타낼 수 있다.

$$전류[암페어] = \frac{전하[쿨롬]}{시간[초]}$$

$$I = \frac{Q}{t} \ [A] \tag{1}$$

여기서 1A의 전류란 1초간에 얼마만큼의 전자가 흐르고 있는 것인가를 구해 보자.
전자 1개의 전기량은 1.602×10^{-19}[C]이므로 다음 식이 성립된다.

$$1개 : 1.602 \times 10^{-19}[C] = x \ 개 : 1[C]$$

$$x = \frac{1}{1.602 \times 10^{-19}} = 6.24 \times 10^{18} \ 개$$

즉, 1A라는 전류는 1초간에 전자
가 6.24×10^{18}개(6.24×10^{5}조개)라는
상상할 수 없는 막대한 수가 통과하
게 된다.

다음에 5초간 20C의 전하가 흘렀
을 때 전류의 크기를 구해 보자.

식 (1)에 $Q=20$, $t=5$를 대입하여
다음과 같이 구한다.

$$I = \frac{Q}{t} = \frac{20}{5} = 4 \ [A]$$

그림 3에 나타냈듯이 전선내를
흐르는 전자는 도중에 증감하는 일

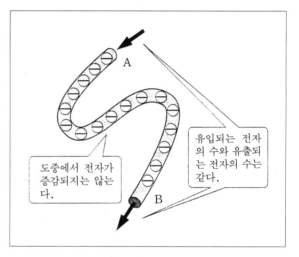

도중에서 전자가 증감되지는 않는다.

유입되는 전자의 수와 유출되는 전자의 수는 같다.

그림 3 전류의 연속성

은 없다(**전하 보존법칙**). 따라서 어느 단면 A에 유입하는 전자의 수와 유출하는 전자의
수는 동등하게 된다. 바꾸어 말하면 유입하는 전류와 유출하는 전류는 동등하다. 이것을
전류의 연속성이라고 한다.

Let's review

1. 다음 문장의 (   ) 안에 적절한 용어를 넣어라.
   (1) 전자의 흐름을 (①)라고 한다. 전류와 (②)가 흐르는 방향은 반대이다.
   (2) 전류는 (③)측에서 (④)측으로 흐르고 전자는 (⑤)측에서 (⑥)측으
   로 흐른다.
2. 2초간에 30C의 전하가 전선 단면을 통과하였다. 흐른 전류의 크기를 구하라.
3. 5초간에 3A의 전류가 흘렀을 때 통과한 전하의 크기를 구하라.

제1장의 요약

마찰 전기의 현상은 기원전부터 그리스인들 사이에서 알려져 있었다고 하며 나침반이나 천연 자석에 대해서도 역시 기원전에 중국에서 알고 있었다고 한다. 그리스 문화와 중국 문화의 유구한 역사와 그 위대함에 통감하는 바이다.

그러나 17세기에 이르기까지 별다른 진전이 없었고 영국 길버트의 연구를 기점으로 전기에 관한 현상이 조금씩 알려지게 되었다.

이 장에서는 마찰 전기가 일어나는 원인을 +전기와 −전기를 사용해서 설명했는데, 모든 물질이 전기를 가지고 있는 것을 잘 이해하도록 한다. 더불어 **−전기의 실체는 전자**이고 **+전기의 실체는 프로톤(양자)**인 것, 또 +전기와 −전기의 양이 같을 때 중화되어 전체적으로는 전기적 성질을 밖으로 나타내지 않는 것, 중화되어 있는 물질에서 전자가 제거되면 그 물질은 +전기를 갖는다는 것에 대해서 이해하기 바란다.

또한 전류의 본질은 자유 전자의 흐름, 즉 전자류이며 **전류와 전자류의 흐름이 역방향임**을 설명하였다.

19세기초 「전류는 전지의 양극으로부터 전선을 통해서 음극을 향해 흐른다」고 약속으로 정하고 이를 바탕으로 전기의 이론을 확립, 현재에도 그 이론이 인정받고 있다.

그런데 19세기말 J. J. 톰슨에 의해 전자의 존재가 밝혀지면서 여기서 전자류라는 개념이 등장하였다. 전류와 그 본질인 전자류의 방향이 반대라는 것은 초심자에게 있어서는 납득하기 쉽지 않겠지만 실용상에서는 전혀 문제가 없으므로 안심하기 바란다.

그렇지만 이제부터 전기 현상을 생각하는 경우 항상 전자의 움직임, 특히 자유 전자의 움직임에 주목하지 않으면 안된다.

제 2 장부터 등장하는 여러 가지 전기 현상의 기본에 대해서는 전자가 어떻게 행동하는가 하는 관점에서 설명해 나가기로 한다. 전기 현상의 본질은 「전자의 거동 : the behavior of the electron」인 것을 명심하기 바란다.

Let's review의 해답

▶ **〈4면〉**
1. 큰 자석
2. 정전기

▶ **〈7면〉**
1. 플라스틱이나 곡물 등의 가루를 취급하는 장소
2. −전기
3. 셀룰로이드

▶ **〈10면〉**
1. 프로톤(양자)과 뉴트론(중성자)
2. +전기   3. −전기
4. 1,840분의 1
5. 전자 무게가 프로톤에 비해서 상당히 가볍기 때문에
6. 전자의 이동

▶ **〈13면〉**
1. 프로톤
2. ① 중성 ② 안정 ③ 전자 ④ 반발

▶ **〈16면〉**
1. 자유 전자
2. 원자가 가진 전자의 수와 프로톤의 수에 의한다
3. 빛의 속도와 동일하며 3×10^8 [m/s]

▶ **〈19면〉**
1. ① 도체 ② 절연체 ③ 자유 전자
2. 반도체   3. 반도체

▶ **〈22면〉**
1. ① 전자류 ② 전자류 ③ +
   ④ −   ⑤ −   ⑥ +
2. 15 [A]   3. 15 [C]

제 2 장

전압, 전류, 저항과 옴의 법칙

1780년 이탈리아의 갈바니는 개구리 다리에 금속이 닿자 그 발이 심하게 수축하는 것을 발견했다. 이것은 개구리 다리속에서 전기가 일어났기 때문이라고 생각하고 그는 「동물 전기」라는 명칭을 제창하였다.

볼타는 개구리의 다리가 경련을 일으킨 것은 「동물 전기」가 원인이 아니고 두 종류의 금속에 접촉해도 경련을 일으키는 것으로 볼 때 그 원인은 금속이라고 생각하였다.

이 연구가 발단이 되어 1800년에 이른바 볼타의 전퇴(電推)를 발표하였고 그 후에 볼타의 전지를 발표하였다. 볼타의 전지가 만들어지자 이때까지의 정전기에 의한 실험에서 연속해서 전류를 흘려 보낼 수 있게 되어 전기에 관한 연구가 활발해졌다.

독일의 옴은 1826년 전압·전류·저항간에 일정한 관계가 있는 것을 발견하고 불후의 명저 「전기 회로의 수학적 연구」를 출판하였다. 또한 뒤에서 설명하게 될 「옴의 법칙」을 발표하였다.

그후 전기 회로에 관한 연구는 한층 진보되었다.

이 장에서는 볼타의 전퇴로부터 옴의 법칙, 저항의 접속, 전압 강하까지 배우게 되는데, 이해하기 어려운 전기를 물에 비유해서 알기 쉽게 설명했고 또 전자의 행동으로 전기 현상의 본질을 설명하였다.

1 최초로 발명된 볼타의 전지

볼타의 전지가 발명된 다음 급속히 전기에 관한 연구가 진행되었다.

볼타의 전지

스위치를 넣으면 자침이 흔들린다.

자침

저항기

1 동물 전기

이탈리아의 동물 학자 갈바니는 개구리를 해부할 때 메스가 개구리 다리에 닿을 때마다 다리가 수축하는 것을 발견하였다.

조사를 거듭한 결과 **그림 1**과 같은 상태에서 다른 두 종류의 금속 끝을 접촉해도 역시 마찬가지로 다리가 수축하는 것을 알았다. 또한 다리 신경의 끝에 피뢰침을 접속했을

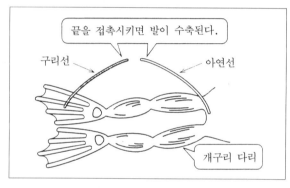

끝을 접촉시키면 발이 수축된다.

구리선

아연선

개구리 다리

그림 1 동물 전기

때 벼락이 칠 때마다 다리가 수축하는 것을 확인하였다. 그는 수축 원인을 개구리 체내에 전기가 있기 때문이라고 생각하고 이 전기를 「동물 전기」라고 명명하였다(1791년).

● 볼타
(Alessandro Volta
1745~1827년)

이탈리아의 화학자. 1745년 2월 18일 이탈리아에서 태어나 1800년 「이종 도전 물질의 접촉으로 발생하는 전기에 대해서」라는 제목의 논문을 발표, 영국 왕립학회 연보에 제재되는 등 학계에서 각광을 받았다.

1801년 볼타는 나폴레옹 1세에 초대되어 파리 학회에서 실험해 보이고 나폴레옹으로부터 금패와 드놀 훈장 수여받았다. 볼타는 전기학의 시조로도 통한다. 이탈리아의 리라 지폐는 볼타의 초상화이다.

갈바니의 이 발견이 단서가 되어 볼타의 전퇴가 발명된 것을 생각하면 갈바니의 발견은 실로 위대했음을 알 수 있다.

2 볼타의 전퇴

볼타는 갈바니의 연구를 보고나서 여러 가지 금속을 사용하여 반복적으로 실험하였다. 그 결과, 갈바니의 동물 전기설을 부정하고, 두 종류의 다른 금속의 접촉으로 전기가 생기고 그 전기에 의해 개구리 다리가 수축한다고 생각하였다. 이것이 이른바 금속 접촉설이다.

볼타는 두 종류의 금속으로 전기를 발생시키는 연구를 하여 1800년 **그림 2**와 같은 전퇴를 발표하였다. 「퇴(堆)」란 겹쳐 쌓는다는 의미이다.

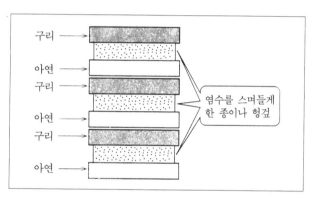

그림 2 볼타의 전퇴

그림 2와 같이 염수가 스며든 종이나 천을 동과 아연 사이에 끼워 겹쳐 쌓은 전지를 「볼타의 전퇴」라고 한다.

볼타의 전퇴가 발표되기까지는 정전기를 라이덴병에 축적하여 이것을 사용하여 실험하고 있었지만 단시간에 전기가 없어져 불편하였다. 볼타의 전퇴를 사용하면 어느 정도는 장시간 계속해서 전류를 흘릴 수 있게 된다.

이 발명에 이어 1800년 볼타의 전지가 만들어지고 옴이나 키르히호프 등에 의해 전기에 관한 연구가 비약적으로 진전되었다. 그런 의미에서 볼타의 전퇴는 획기적인 발명이었다.

볼타는 두 종류의 금속을 접촉시켰을 때 발생하는 전기의 세기를 조사하여 다음과 같은 전압렬이라고 불리는 서열을 발표하였다.

$$\ominus \quad 아연-납-주석-철-동-은-금 \quad \oplus$$

이 전압렬에서 두 종류의 금속을 선택하여 접촉하면 우측이 플러스, 좌측이 마이너스로 된다.

3 볼타의 전지

볼타의 전지는 **그림 3**과 같이 묽은 황산(H_2SO_4) 안에 동판과 아연판을 넣은 구조로 되어 있다. 묽은 황산 액체는 +전기를 가진 수소 원자($2H^+$, 양 이온이라고 한다)와 −전기를 가진 SO_4^{--}(음 이온이라고 한다)로 나뉘어져 있다.

아연 이온 Zn^{++}는 묽은 황산속에서 용출하고 SO_4^{--}와 결합하여 황산아연($ZnSO_4$)이 된다. 이때 아연은 −전기로 된다.

수소 이온($2H^+$)은 구리에 부착하여 +전기를 구리에게 주고 수소 가스(H_2)가 된다.

이와 같은 화학 반응으로 동판은 +가, 아연판은 −가 된다. 그래서 그림 3과 같이 스위치를 투

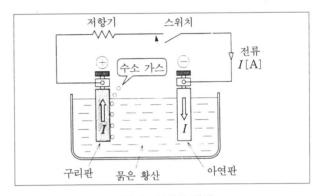

그림 3 볼타의 전지

입하면 전류 I가 동판 → 저항기 → 스위치 → 아연판 방향으로 흐르게 된다.

동판과 아연판 사이에는 1.1V 정도의 전압이 발생한다. 볼타의 전지에 전류를 흘려 보내면 ⊕극에서 수소 가스가 발생하기 때문에 수소 가스의 거품이 동판을 둘러싸게 된다. 이 거품이 전기 저항으로 작용하기 때문에 스위치를 넣고 나서 잠시 동안은 전류가 흐르지 않게 된다.

이 결점을 개량해서 나온 것이 현재의 전지이다.

Let's review

1. 갈바니는 개구리 해부시 발견한 전기 현상을 무엇이라고 명명했는가?
2. 볼타의 전퇴는 동과 아연간에 무엇을 끼운 것인가?
3. 아연과 동을 접촉했을때 +가 나타나는 것은 어느 쪽인가?
4. 볼타의 전지에서 사용된 용액의 명칭은 무인인가?
5. 볼타의 전지에서 동판으로부터 왜 수소 가스가 나오는가?

전기를 물에 비유한다

폭포가 위에서 아래로 힘차게 떨어지듯 전류 또한 그렇군.

폭포

1 | 물은 높은 데서 낮은 데로 흐른다(전기 역시 동일하다)

이미 앞에서 전류의 본질이 전자의 흐름임을 배웠지만 그 전자는 금속선 내를 마치 물과 같이 흐른다. 즉, 전류는 수류에 비유해서 생각할 수 있다.

물의 흐름을 인공적으로 만들려면 어떻게 하면 되는가? **그림 1**은 우물 펌프를 사용하여 수위차를 발생시키고 있는 그림이다. 이 예와 같이 높은 수위를 만들어 물을 흐르게 하고 이 흐름

우물 펌프

수위가 높다

수위가 낮다

그림 1 수위차에 의한 물의 흐름

을 이용해서 뒤에서 설명하게 될 에너지 변환을 할 수 있다.

2 | 전류를 수류에, 전위를 수위에 비유한다

그림 2에서 펌프는 수위차를 만들기 위해 사용되고 있다. 펌프를 이용해 수조 A를 수조 B에 비해 높은 수위로 유지시키면 물은 수조 A에서 B로 흐른다.

이 수위라는 레벨에 대응하는 전기적인 레벨을 전위라고 한다. 그리고 고수위는 고전위에, 저수위는 저전위에 대응하게 되고 수위차는 **전위차**에 대응한다.

수위차가 크면 수류가 커지는 것과 같이 전위차가 크면 전류가 커진다.

전위차는 **전압**이라고도 하며 일반적으로는 전압이라는 용어가 사용되고 있고 단위는 볼트[V]로 표시한다.

고수위와 저수위간에 수류가 흐르는 길이 있을 때 물은 안정된 상태로 되기 위해 고

수위에서 저수위로 흐르려고 한다. 이것과 마찬가지로 고전위와 저전위간에 전류가 흐르는 길이 있으면 전하는 안정된 상태가 되기 위해 고전위에서 저전위로 흐른다. 이 전하의 흐름이 바로 전류이다.

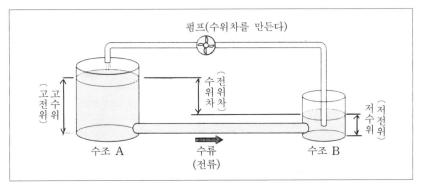

그림 2 전류와 전위차를 물에 비유한다

3 ▎ 전위차가 있으면 전류를 흐르게 할 수 있다

그림 3은 전지를 사용하여 전위차를 만드는 그림이다.

그림 2와 그림 3은 1대 1로 대응해 놓은 것이다. 그림 2의 펌프는 그림 3의 전지에 대응하고 있다. 그림과 같이 전지를 설치한다는 것은 높은 전위와 낮은 전위를 만든다는 것과 같다. 즉 전위차가 있으면 전류를 흐르게 할 수 있다.

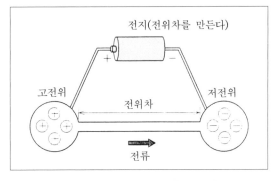

그림 3 전지가 전위차를 만든다

전위차, 즉 전압을 발생시키면 전류가 연속적으로 흐른다. 전지에는 전류를 흐르게 하는 원동력이 있고 이 원동력을 **기전력**이라고 한다. 전위차(전압), 기전력의 양(量) 기호와 단위는 다음과 같이 정해져 있다.

	양 기 호	단 위
전 위 차 (전압)	V	[V]
기 전 력	E	[V]

이와 같이 전압, 기전력 모두 동일하게 단위 볼트[V]를 사용한다.

10^6 V를 $1\,MV$(메가 볼트), 10^3 V를 $1\,kV$, 10^{-3} V를 $1\,mV$, 10^{-6} V를 $1\,\mu V$(마이크로 볼트)로 표시한다.

4 전지의 접속과 단자간의 전압

그림 4는 3개의 건전지를 접속하여 점 c를 접지했을 때의 단자 a−c간, b−c간, c−d 간의 전압을 나타내고 있다.

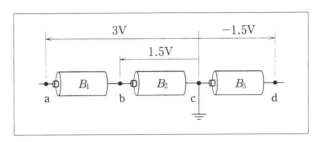

그림 4 전지의 전압

이 경우, 점 c를 전위의 기준으로 정하고 있는데, 일반적으로는 전위의 기준을 대지로 정하고 이것을 **어스** 또는 **그라운드**, **접지** 등이라고 한다. 단자 a, b 및 d의 전위는 어스 단자 c를 기준으로 점 c로부터 화살표를 그려 표시한다.

단자 b−c간의 전위차, 즉 전압은 1.5 V이고 단자 a−c간의 전압은 3 V이다.

또한 단자 c−d간의 전압은 −1.5 V이다.

단자 a−b간의 전압은 (a−c간의 전압)−(b−c간의 전압)=3−1.5=1.5[V]가 된다.

단자 b−d간의 전압은 기준 전위를 단자 d로 정하여 (b−c간의 전압)−(c−d간의 전압)=1.5−(−1.5)를 계산하여 3 V를 얻는다.

Let's review

1. 다음 문장의 ( ) 안에 적절한 용어를 넣어라.
   (1) 물은 높은 (①)에서 낮은 (②)로 흐른다. 마찬가지로 전류는 높은 (③)
       에서 낮은 (④)로 흐른다.
   (2) 전류를 수류에 비유하면 전압은 (⑤)에 대응한다.
   (3) 펌프는 수위차를 만들어 수류를 흘려 보낸다. 마찬가지로 전지는 (⑥)를
       만들어 (⑦)를 흘려 보낸다.
2. 그림 4에서 단자 a−d간의 전압은 몇 볼트인가?

3 옴의 법칙

옴의 법칙은 전기의 기초이다. 무엇보다도 기초가 중요하다.

건축물의 기초 공사

1 전압과 전류를 측정하려면

전압 측정에는 전압계를 사용하고 전류 측정에는 전류계를 사용한다.

또, 전기에는 직류와 교류가 있고, 직류 전압, 전류를 측정하는 계측기를 **직류 전압계, 직류 전류계**라고 하며 각각 Ⓥ Ⓐ의 그림 기호를 사용한다. 직류 계측기에는 +와 −의 단자가 있다.

그림 1에 나타냈듯이 직류 전류계는

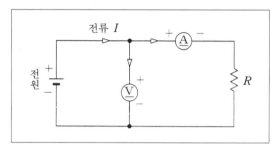

그림 1 전압계와 전류계의 접속

+단자에서 내부를 통과하여 −단자쪽으로 전류가 흐르도록 접속한다.

전압계는 전압계의 +단자를 전원의 +단자에 접속하고 전압계의 −단자를 전원의 −단자에 접속한다. 전류계는 측정하고자 하는 회로의 한 곳을 열어 전류가 전류계의 +단자에서 −단자로 흐르도록 접속한다.

2 옴의 법칙

그림 1의 회로를 실제로 이용하여 전압과 전류를 측정하는 실체 배선도를 **그림 2** (a)에 나타내었다.

그림 (a)에서 스위치 S를, 0, 1.5, 3, 4.5, 6.0[V]의 단자순으로 전환했을 때 전압 V[V]와 전류 I[A]를 전압계와 전류계로 측정한다.

전압이 0, 1.5, 3, 4.5, 6[V]와 같이 순서대로 증가시켰더니 전류는 0, 1, 2, 3, 4[A]가 됐다.

● 옴
(Georg Simon Ohm
1787~1854년)

독일의 물리학자. 1805년 옴은 에어랑게 대학에 입학하여 물리와 수학을 공부했다. 1827년 불후의 명저 "전기 회로의 수학적 연구"를 출판하고 전기 회로에 관한 법칙을 발표하였다. 이것이 옴의 법칙이다.

옴의 법칙은 십여년간 독일 국내에서는 인정받지 못했지만 1841년 영국의 왕립 학회는 그에게 코브레 상패를 수여하고 공적을 칭송하였다.

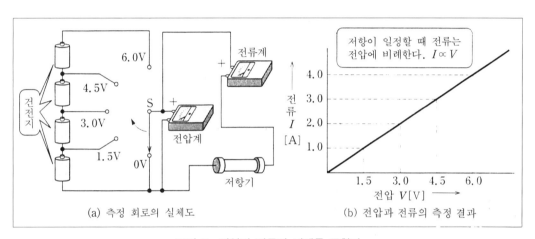

(a) 측정 회로의 실체도   (b) 전압과 전류의 측정 결과

그림 2 전압과 전류의 관계를 구한다

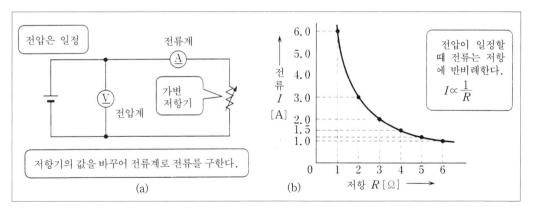

그림 3 전류는 저항에 반비례한다

이 결과를 가지고 전압 V[V]와 전류 I[A]의 관계를 그래프로 나타낸 것이 그림 (b)이다.

이 경우 저항기의 값(저항값)은 일정하다. 따라서 「저항이 일정할 때 전류는 전압에 비례한다」고 할 수 있고 $I \propto V$ 라고 표기한다.

그림 3 (a)는 전압을 일정하게 하고 저항값을 바꾸었을 때 전류의 변화를 조사하는 회로이다.

지금, 저항값을 1, 2, 3, 4, 5, 6[Ω]으로 바꾸어 전류를 측정한 결과 6, 3, 2, 1.5, 1.2, 1[A]를 얻었다.

그림 (b)는 저항 R[Ω]에 대한 전류 I[A]의 관계를 그래프로 나타낸 것이다. 이 경우 전압은 일정(6 V)하다.

따라서 「전압이 일정할 때 전류는 저항에 반비례한다」고 할 수 있고 $I \propto 1/R$이라고 표기한다.

이상의 실험 결과로부터 전류 I[A]는 전압 V[V], 저항 R[Ω]을 사용하여 다음과 같이 표시할 수 있다.

$$I = \frac{V}{R}$$

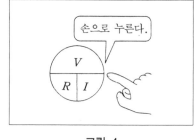

그림 4

이 관계를 **옴의 법칙**이라고 한다. 또, 위의 식은 다음과 같이 변형할 수 있다.

$$R = \frac{V}{I}, \quad V = RI$$

그림 4로 V를 구할 때 V를 손가락으로 누르면 RI가 되고 I를 구할 때 I를 손가락으로 누른다.

Let's review

1. 다음 문장의 ( ) 안에 적절한 용어를 넣어라.

   전압계의 +단자는 전원의 (①)에, -단자는 전원의 (②)에 접속한다. 그리고 전류계는 회로의 한 곳을 열고 전류가 (③)에서 (④)로 흐르도록 접속한다.

2. 그림 1의 회로에서 전압계와 전류계의 지시가 각각 2.6V, 1.3A일 때 저항 R을 구하라.

3. 그림 3의 회로에서 V=6[V], R=0.5[Ω]일 때 전류는 몇 암페어인가?

1 저항이란

저항기가 가지는 전기적인 값을 **저항값**이라고 한다. 따라서 엄밀하게 말하면 저항기 A의 저항값은 R 옴이라고 표기하게 된다.

그런데 이렇게 말하는 것은 상당히 번거롭기 때문에 저항기도 저항값도 단순히 **저항**이라고 부르고 있다.

다만 필요에 따라 저항기라든가 저항값으로 표현하여도 지장은 없으며 또한 전기 저항이라고 하는 경우도 있다.

옴의 법칙에서 배운 바와 같이 전압을 일정하게 한 경우 흐르는 전류는 저항에 반비례한다.

즉, 저항은 전류가 흐르기 어려운 정도를 나타내는 값이고 저항이 크다는 것은 전류가 작다는 것을 의미한다.

2 저항의 성질을 수류의 저항에 비유하면

그림 1은 원형 수조의 한쪽 끝에 펌프를 설치하여 물을 길어 올리고 있는 그림이다.

이러한 구조에서는 항상 물이 흐르게 된다. 이 수조 도중에 통로가 좁은 곳으로 A, B가 있는데 이 부분에서 수류가 어떠한 상황이 되는가를 생각해 보자.

수류가 A와 B에 달하면 지금까지의 통로 단면적보다 **작아지기 때문에 흐름이 어려워지게 된다.** 즉, 이 부분에서 수류에 대한 저항이 커지게 된다.

또, 좁은 부분 A와 B의 길이를 비교해 보면 A쪽이 길다. 따라서 **A가 B보다 물이 흐르기 어렵다**고 생각하면 된다.

이상에서 수류에 대한 저항은 통로의 단면적과 길이에 관계가 있음을 알 수 있다. 단적으로 말하면 수류에 대한 저항은 수류가 흐르는 수로(통로)의 길이에 비례하고 단면적에 반비례한다.

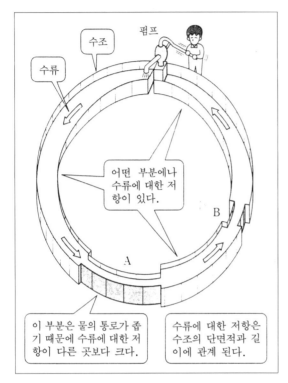

그림 1 전기 저항과 수류의 저항

그림 2 파이프의 굵기, 길이와 수류

이것은 전기 저항에도 동일하게 해당되어 즉, 전류에 대한 저항은 그 통로인 도체 길이에 비례하고 단면적에 반비례한다.

그림 2는 수조에 물을 담고 대·중·소로 굵기가 서로 다른 파이프로 물을 내보내고 있는 그림이다.

파이프에서 유출하는 물의 양은 파이프 ②를 기준으로 하면 파이프의 지름이 큰 ①쪽이 많다.

또, 길이의 비교에서는 파이프가 긴 쪽인 ③이 ②보다 수량이 적다.

이상에 의해 수류에 대한 저항은 파이프의 길이에 비례하고 단면적에 반비례하는 것을 알 수 있다.

다만 이런 현상은 3개의 파이프에 가해지는 수압이 동일하다는 조건하에서이다.

3 ▌ 저항식을 실험에서 구한다

그러면 저항 R 를 표현하는 식에 대해서 조사해 보자. 우선 **그림 3** (a)에 있어서 도선의 길이 l[m]를 가로축에 잡고 저항 R[Ω]을 세로축에 잡는다. 길이 l 을 증가시키면서 저항 R 를 구했더니 그림과 같은 직선이 얻어졌다. 이 직선은 저항 R 가 길이 l 에 비례하는 것을 나타낸다.

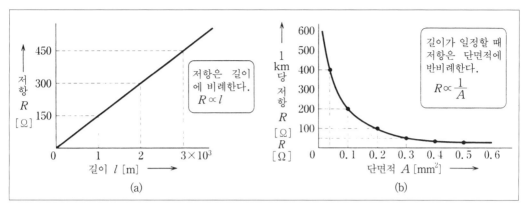

그림 3 도체의 길이, 단면적과 저항의 관계

다음에 그림 (b)에 있어서 도선의 단면적 $A[\text{mm}^2]$에 대한 도선 1 km당의 저항 $R[\Omega]$은 그림과 같은 곡선이 된다. 이 곡선은 저항 R가 단면적 A에 반비례하는 것을 의미한다.

이상에서

$$R \propto l, \quad R \propto \frac{1}{A} \text{ 에서 } R \propto \frac{l}{A}$$

라고 표기할 수 있다.

여기서 비례 상수를 ρ라고 하면 아래 식과 같이 된다.

ρ는 저항률이고 단위는 $[\Omega \cdot \text{m}]$이다.

$$R = \rho \frac{l}{A} \ [\Omega]$$

Let's review

1. 다음 문장의 (   ) 안에 적절한 용어를 넣어라.

   (1) 저항이라는 용어는 저항기와 (①)을 함께 표시하는 일이 많다. 저항은 (②)이라고도 한다.

   (2) 전기 분야에서 사용하는 저항은 수류에 대한 저항과 대응시켜 생각할 수 있다. 즉, 저항은 흐르는 도체(수로)의 (③)에 비례하고 (④)에 반비례한다.

2. 단면적을 $S[\text{m}^2]$, 길이를 $l[\text{m}]$, 저항률 $\rho[\Omega \cdot \text{m}]$로 하고 도선의 저항 $R[\Omega]$을 나타내는 식을 만들어라. 그리고 저항률 ρ의 단위가 $[\Omega \cdot \text{m}]$가 되는 것을 보여라.

1 직렬로 접속한다는 것은

크리스마스 트리의 램프는 보통 전원에서 램프 ①로, ①에서 ②로, ②에서 ③으로, ③에서 전원으로 접속한다. 이와 같은 접속법을 「직렬로 접속한다」고 하고 **직렬 접속**이라고 한다. 램프를 직렬 접속했을 때 몇 개의 램프 중 1개라도 필라멘트가 끊어지거나 램프를 소켓에서 빼면 램프 전부가 꺼진다.

램프 안에는 필라멘트가 있어 그 저항에 전류가 흐르면 빛 에너지가 생긴다.

그림 1 (a)는 전류계 Ⓐ가 4대 접속되어 있는데, 모든 전류계의 지침이 동일한 값을 나타낸다. 그것은 한 전선에 흐르는 전류는 전선의 어느 부분에서나 동일하기 때문이다. 즉, 저항 R_1, R_2, R_3에는 동일한 크기의 전류가 흐른다.

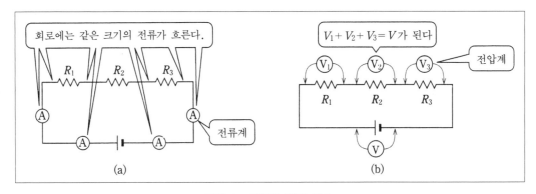

그림 1 저항의 직렬 접속

그림 1 (b)와 같이 각 저항에 전압계 Ⓥ₁, Ⓥ₂, Ⓥ₃를 접속하고 전원에 전압계 Ⓥ를 접속하여 지침을 읽으면 다음과 같은 관계가 있는 것을 알 수 있다.

$$V = V_1 + V_2 + V_3$$

(1)

단, V는 전압계 Ⓥ의 지시값 V_1, V_2, V_3는 각각 전압계 Ⓥ_1, Ⓥ_2, Ⓥ_3의 지시값이다.

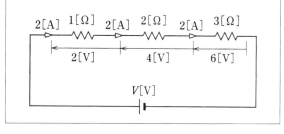

그림 2

즉, 저항을 직렬 접속했을 때 각 저항 양단에 걸리는 전압의 합은 전원 전압과 같다.

지금, **그림 2**와 같이 $R_1=1[\Omega]$, $R_2=2[\Omega]$, $R_3=3[\Omega]$으로 하고 흐르는 전류 $I=2[\text{A}]$라고 하면 각 전압계의 지시값은 옴의 법칙으로부터 다음과 같다.

$\quad\text{Ⓥ}_1$의 지시$=2[\text{A}]\times 1[\Omega]=2[\text{V}]$

$\quad\text{Ⓥ}_2$의 지시$=2[\text{A}]\times 2[\Omega]=4[\text{V}]$

$\quad\text{Ⓥ}_3$의 지시$=2[\text{A}]\times 3[\Omega]=6[\text{V}]$

그리고 전원 전압 $V[\text{V}]$는 다음과 같다.

$\quad V=2+4+6=12[\text{V}]$

2 저항의 직렬 접속과 그 합성 저항

그림 3과 같이 저항 R_1, R_2, R_3를 직렬 접속하여 전류 I가 흐르고 있을 때 각 저항 양단에 걸리는 전압 V_1, V_2, V_3는 다음과 같이 나타낼 수 있다.

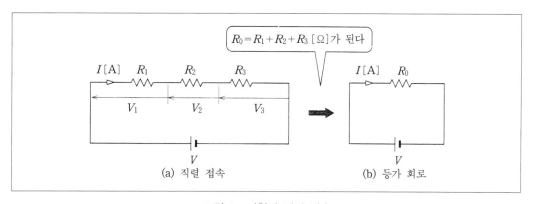

그림 3 저항의 직렬 접속

$$\left.\begin{array}{l} V_1=R_1 I\,[\text{V}] \\ V_2=R_2 I\,[\text{V}] \\ V_3=R_3 I\,[\text{V}] \end{array}\right\} \qquad (2)$$

식 (2)를 식 (1)에 대입하면

$$V = R_1 I + R_2 I + R_3 I$$
$$= (R_1 + R_2 + R_3) I \tag{3}$$

한편, 그림 3 (b)와 같이 그림 3 (a)를 1개의 저항 R_0로 나타내면 다음 식이 성립된다.

$$V = R_0 I \tag{4}$$

그림 3 (b)는 그림 (a)와 동일하며 이것을 **등가 회로**라고 한다.

따라서 식 (3)=식 (4)에서 R_0는 다음과 같이 나타낼 수 있고 이 R_0를 **합성 저항**이라 한다.

$$\boxed{R_0 = R_1 + R_2 + R_3 \, [\Omega]}$$

3 저항의 직렬 접속과 전류 흐름의 어려움

저항을 직렬 접속하면 합성 저항이 커지고 전류가 흐르기 어려워진다.

이런 현상은 **그림 4**와 같은 수도에 파이프 R_1, R_2, R_3를 접속했을 때 수류가 흐르기 어려워지는 것과 같다고 보면 된다.

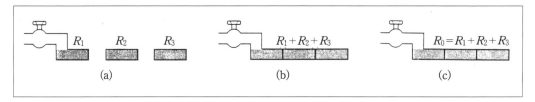

그림 4 수류 흐름의 어려움

Let's review

1. 저항 10Ω, 20Ω, 30Ω이 전원 전압 120V에 직렬로 접속되어 있다. 이 경우 다음의 각 값을 구하라.
   (1) 합성 저항 $R_0[\Omega]$
   (2) 회로에 흐르는 전류 $I[A]$
   (3) 각각의 저항 양단에 걸리는 전압 V_1, V_2, $V_3[V]$
2. n개의 저항 R_1, R_2, $\cdots$ R_n이 직렬로 접속되어 있을 때 합성 저항 $R_0[\Omega]$를 구하라.

6 저항을 병렬로 접속한다

병렬 접속

적산 전력계

1 병렬로 접속한다는 것은

그림 1에 나타냈듯이 일반 가정에서는 여러 가지 전기 제품이 사용되고 있는데, 이들 전기 제품은 천장 뒤의 옥내 배선으로부터 동일한 전압이 가해지도록 접속되어 있다.

이와 같은 접속법을 「병렬로 접속한다」 또는 **병렬 접속**이라고 한다.

가정에서 사용되고 있는 전기 제

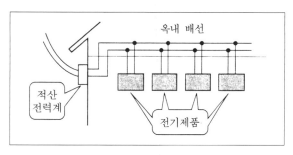

옥내 배선

적산
전력계

전기제품

그림 1 전기 제품을 병렬로 접속한다

품은 교류 전원에 의해 작동하는데, 여기서는 병렬 접속의 한 예로서 설명하고 있다.

저항을 병렬로 접속하면 회로가 **그림 2**와 같이 된다. 저항 R_1, R_2, R_3 양단에 가해지는 전압이 전원 전압과 동일하다는 것은 전압계 Ⓥ의 지시로 알 수 있다.

그러나 각각의 저항에 흐르는 전류 I_1, I_2, I_3는 서로 다른 값이고 전류계 Ⓐ_1, Ⓐ_2, Ⓐ_3 및 Ⓐ의 지시로부터 전원에 흐르는 전류 I와 다음과 같은 관계가 있는 것을 알 수 있다.

$$I = I_1 + I_2 + I_3 \,[\text{A}]$$

(1)

예로서, $R_1 = 1[\Omega]$, $R_2 = 2[\Omega]$, $R_3 = 3[\Omega]$, 전원 전압이 6V인 경우 각 전류계의 지시값은 옴의 법칙으로부터 다음과 같이 얻을 수 있다.

$$\text{Ⓐ}_1\text{의 지시} = \frac{6\,[\text{V}]}{1\,[\Omega]} = 6\,[\text{A}]$$

$$\text{Ⓐ}_2\text{의 지시} = \frac{6\,[\text{V}]}{2\,[\Omega]} = 3\,[\text{A}]$$

$$\text{(A)의 지시} = \frac{6\,[\text{V}]}{3\,[\Omega]} = 2\,[\text{A}]$$

그리고 전원에 흐르는 전류 $I[\text{A}]$는 다음과 같다.

$$I = 6 + 3 + 2 = 11[\text{A}]$$

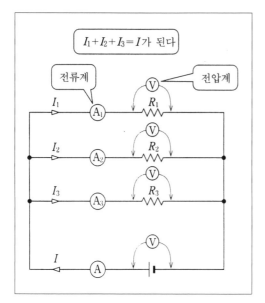

그림 2 저항의 병렬 접속

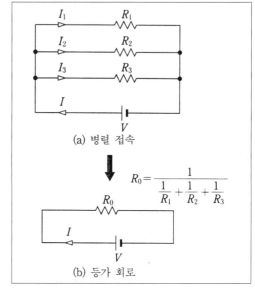

그림 3

그리고 식 (1)은 뒤에서 배우게 될 키르히호프의 제 1 법칙이라는 것이다. 이 법칙은 다음과 같이 표시된다.

「회로망의 임의의 접속점에서 유입하는 전류의 합은 유출하는 전류의 합과 같다.」

❷ 저항의 병렬 접속과 그 합성 저항

그림 2와 같이 저항 R_1, R_2, R_3를 병렬로 접속하여 전압 V를 가했을 때 각 저항에 전류 I_1, I_2, I_3가 흐르고 전원에 전류 I가 흘렀다고 하자. 각 저항에 흐르는 전류는 다음과 같이 나타낼 수 있다.

$$\left.\begin{aligned} I_1 &= \frac{V}{R_1}\,[\text{A}] \\[6pt] I_2 &= \frac{V}{R_2}\,[\text{A}] \\[6pt] I_3 &= \frac{V}{R_3}\,[\text{A}] \end{aligned}\right\} \tag{2}$$

식 (2)를 식 (1)에 대입하면

$$I = \frac{V}{R_1} + \frac{V}{R_2} + \frac{V}{R_3}$$

$$= \left(\frac{1}{R_1} + \frac{1}{R_2} + \frac{1}{R_3} \right) V \qquad (3)$$

가 된다. 한편, **그림 3** (b)와 같이 3개의 저항을 1개의 저항 R_0로 나타내면 다음 식이 성립된다.

$$I = \frac{V}{R_0} \qquad (4)$$

그림 (b)는 그림 (a)와 동일한 것으로 그림 (b)를 그림 (a)의 **등가 회로**라 한다. 따라서 식 (3)=식 (4)에서 R_0는 다음과 같이 나타낼 수 있다. 이 R_0를 **합성 저항**이라 한다.

3 저항의 병렬 접속과 전류 흐름의 수월성

$R_1 = 1[\Omega]$, $R_2 = 2[\Omega]$, $R_3 = 3[\Omega]$을 병렬 접속했을 때 합성 저항은 $6/11 = 0.545[\Omega]$으로 된다.

즉, 저항을 병렬 접속하면 합성 저항은 접속한 어느 저항보다도 작아져 전류가 흐르기 쉬워진다.

이 현상은 **그림 4**와 같은 수도에 파이프 R_1, R_2, R_3를 접속했을 때 물이 흐르기 쉬워지는 것과 같다.

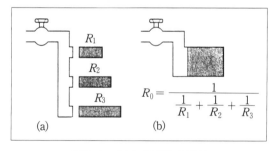

그림 4 수류 흐름의 수월성

Let's review

1. 저항 10Ω, 20Ω, 30Ω이 전압 60V의 전원에 병렬로 접속되어 있다. 이 경우 다음의 각 값을 구하라.

   (1) 합성 저항 $R_0[\Omega]$

   (2) 각 저항에 흐르는 전류 I_1, I_2, $I_3[A]$

   (3) 전원에 흐르는 전류 $I[A]$

2. 2개의 저항 R_1, $R_2[\Omega]$이 병렬로 접속되어 있을 때 합성 저항 R_0를 구하라.

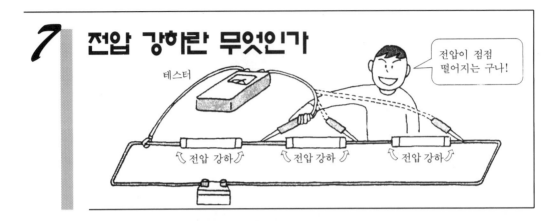

1 전압 강하란 무엇인가

1 전압 강하란

저항 R에 전류 I가 흐르면 $V=RI$[V]의 전압이 발생한다는 것은 이미 앞에서 배웠다. 예를 들면 **그림** 1과 같이 주상 변압기 가까운 곳에서 차례대로 먼 곳으로 ①, ②, ③의 집이 있고 전등에 불이 켜져 있다. 동일한 와트수인데도 불구하고 변압기에 가까운 집의 전등은 밝고 먼 집의 전등은 어둡다. 이 현상에 대해서 생각해 보자.

동선(저항이 극히 작다)으로 만든 전선은 작지만 저항이 있다. 그 때문에 길이 l이 길면

$$R=\rho\frac{l}{A}\ [\Omega]$$

에 의해 저항 $R[\Omega]$을 무시할 수 없게 된다.

즉, 전선을 흐르는 전류 I[A]와 전선 $R[\Omega]$의 곱으로 결정되는 전압이 발생한다. 지금 집 ①의 전압이 100 [V], 집 ③에 이르는 전선의 저항이 0.5[Ω], 전류가 20[A]라고 하면 집 ③에서 사용하고 있는 전압은 $100-0.5\times20=90$[V]가 된다. 이와 같이 전압이 내려가는 것을 **전압 강하**라고 한다.

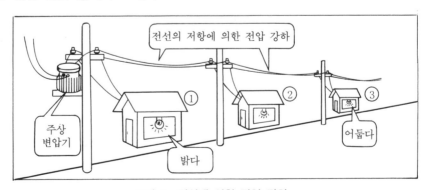

그림 1   전선에 의한 전압 강하

2 왜 전압 강하가 발생하는가

그러면 왜 전압 강하가 발생하는가?

전원의 ⊖측은 전자를 공급하고 ⊕ 측은 전자를 끌어당기는 작용을 하기 때문에 전자는 저항 R를 통해서 흐른 다. 이때 저항을 만나게 된 전자는 **그 림 2**와 같이 저항에 체류하게 된다.

사실은 이 체류한 전자에 의해 저항 양단에 전압이 발생하는 것이다.

체류한 전자의 수가 많은 경우 발생

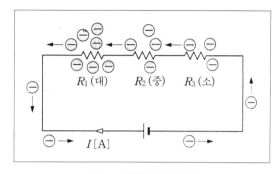

그림 3 전압 강하의 대소

하는 전압, 즉 전압 강하는 크고 체류하는 전자의 수가 적은 경우 저항 양단의 전압 강 하는 작다.

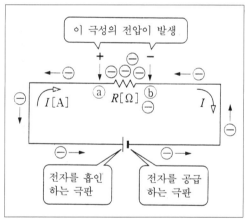

그림 2 전압 강하가 생기는 이유

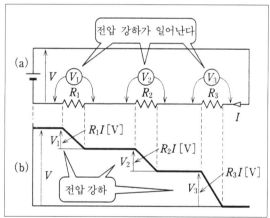

그림 4 R_1, R_2, R_3에 의한 전압 강하

그리고 그림 2와 같이 일정한 수의 전자가 회로를 흐르고 있다. 즉, 일정한 전류가 회 로를 흐르고 있다.

다음에 **그림 3**에서 저항의 대소에 의한 전압 강하가 어떻게 되는가를 알아 보자.

저항이 큰 곳은 체류되는 전자가 많고 전압 강하가 크다. 반대로 저항이 작은 곳은 체류되는 전자가 적고 전압 강하가 작다.

즉, $R(대) \cdot I[V] > R(소) \cdot I[V]$가 된다. 그리고 그림 3과 같이 일정한 수의 전자가 회로에 흐르고 있다. 바꾸어 말하면 항상 일정한 전류 $I[A]$가 회로를 흐르고 있다.

그리고 또 **그림 4** (a)의 회로에 의한 전압 강하에 대해서 조사해 보자.

전류 $I[\mathrm{A}]$가 흐르고 있을 때 저항 R_1, R_2, $R_3[\Omega]$에 생기는 전압강하 V_1, V_2, $V_3[\mathrm{V}]$는,

$$\left.\begin{array}{l} V_1 = R_1 I\,[\mathrm{V}] \\ V_2 = R_2 I\,[\mathrm{V}] \\ V_3 = R_3 I\,[\mathrm{V}] \end{array}\right\} \tag{1}$$

가 되고 전원 전압 $V[\mathrm{V}]$와 V_1, V_2, $V_3[\mathrm{V}]$와의 관계는 그림 4 (b)와 같이 된다.

3 전지 내부 저항에 의한 전압 강하와 단자 전압

전지 내부에는 일종의 저항이 있다. 이것을 **내부 저항**이라고 한다.

그림 5와 같이 건전지 내부는 기전력 $E[\mathrm{V}]$와 내부 저항 $r[\Omega]$으로 구성되어 있다. 지금 전류 $I[\mathrm{A}]$가 부하 $R[\Omega]$에 흐르고 있다고 하면 전지의 단자 전압 $V[\mathrm{V}]$는

$$\boxed{V = E - rI\,[\mathrm{V}]} \tag{2}$$

가 된다.

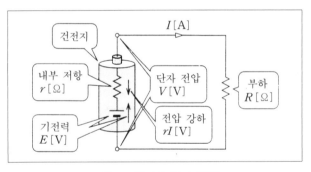

그림 5 전지의 단자 전압

𝓛et's review

1. 그림 3에 있어서 저항이 $R_1=30[\Omega]$, $R_2=20[\Omega]$, $R_3=10[\Omega]$, 전원 전압이 $V=6[\mathrm{V}]$인 경우 다음 각 값을 구하라.
   (1) 합성 저항 $R_0[\Omega]$　　　　　　　(2) 회로에 흐르는 전류 $I[\mathrm{A}]$
   (3) 저항 R_1, R_2, $R_3[\Omega]$에 발생하는 전압 강하 V_1, V_2, $V_3[\mathrm{A}]$
2. 어느 전지의 기전력 $E=1.5[\mathrm{V}]$, 내부 저항 $r=0.1[\Omega]$일 때 부하 $R[\Omega]$을 접속한 결과 5A의 전류가 흘렀다고 한다. 이 경우 전지의 단자 전압 $V[\mathrm{V}]$를 구하라.

제2장의 요약

1. **저항률** : 저항률 ρ 의 단위는 $[\Omega \cdot m]$지만 전선의 길이는 $[m]$, 단면적은 $[mm^2]$의 단위가 사용되므로 전선의 저항률 단위는 $[\Omega \cdot mm^2/m]$가 된다. 이 단위는 전기공사 나 송배전 관계에서 사용되고 있다. 또 $[\Omega \cdot cm]$의 단위도 있다.

저항률의 단위

단 위	단위의 관계
$\Omega \cdot m$	
$\Omega \cdot cm$	$1\,[\Omega \cdot cm] = 10^{-2}\,[\Omega \cdot m]$
$\Omega \cdot mm^2/m$	$1\,[\Omega \cdot mm^2/m] = 10^{-6}\,[\Omega \cdot m]$

2. **도전율** : 저항 R 나 저항률 ρ 는 전류 흐름의 어려움을 나타내는데, 전류가 흐르기 쉬운 것을 나타내는 방법도 있다. 저항 R 의 역수를 G 라고 하면 G 는 전류가 흐르기 쉬움을 나타내고 G 를 **컨덕턴스**라고 하며 단위에 $[S]$(지멘스)를 사용한다. 또, 저항률 ρ 의 역수 σ 도 전류의 흐르기 수월함을 나타내고 σ 를 **도전율**이라고 하며 단위에 $[S/m]$를 사용한다.

$$G = \frac{1}{R}\ [S] \qquad \sigma = \frac{1}{\rho}\ [S/m]$$

3. **저항은 온도에 따라 바뀐다** : 저항 R 는 그 재료의 저항률 ρ, 길이 l, 단면적 A로 구할 수 있지만 이것은 온도가 일정하다는 조건하에서이다. 저항은 온도가 변화하면 바뀐다. 온도가 $1℃$ 상승했을 때 저항이 변화하는 비율을 저항의 **온도 계수**라고 한다.

일반적으로 금속의 경우 온도가 상승하면 저항은 증가한다.

지금, 온도 $t_1[℃]$일 때의 저항을 $R_1[\Omega]$, 온도 계수를 $\alpha_1[℃^{-1}]$이라고 하면 $t_2[℃]$ 일 때의 저항 $R_2[\Omega]$은 다음 식으로 표시된다.

$$R_2 = R_1\{1 + \alpha_1(t_2 - t_1)\}\ [\Omega]$$

Let's review의 해답

▶ 〈28면〉
1. 동물 전기
2. 염수가 스며든 종이나 천
3. 동   4. 묽은 황산
5. 수소이온을 동에 부착하고 +전기를 주어서 수소가스가 된다.

▶ 〈31면〉
1. ① 수위   ② 수위   ③ 전위
   ④ 전위   ⑤ 수압   ⑥ 전위차
   ⑦ 전류
2. 4.5볼트

▶ 〈34면〉
1. ① +단자   ② −단자
   ③ +단자   ④ −단자
2. 2Ω   3. 12A

▶ 〈37면〉
1. ① 저항값   ② 전기 저항
   ③ 길이   ④ 단면적
2. $R = \rho \dfrac{l}{S}$ [Ω]. 이 식을 변형하여

$$\rho = \frac{R[\Omega] S[\text{m}^2]}{l[\text{m}]} \text{에서, } [\Omega \cdot \text{m}]$$

▶ 〈40면〉
1. (1) 60Ω   (2) 2A
   (3) $V_1 = 20$, $V_2 = 40$, $V_3 = 60$V
2. $R_0 = R_1 + R_2 + R_3 + \cdots + R_n$ [Ω]

▶ 〈43면〉
1. (1) 5.45Ω
   (2) $I_1 = 6$ [A], $I_2 = 3$ [A], $I_3 = 2$ [A]
   (3) 11A
2. $R_0 = \dfrac{1}{\dfrac{1}{R_1} + \dfrac{1}{R_2}} = \dfrac{1}{\dfrac{R_1 + R_2}{R_1 \cdot R_2}}$
   $= \dfrac{R_1 \cdot R_2}{R_1 + R_2}$

▶ 〈46면〉
1. (1) $R_0 = 60$Ω
   (2) $I = 0.1$A
   (3) $V_1 = 3$, $V_2 = 2$, $V_3 = 1$V
2. $V = 1$V

제 3 장

직류 회로의 계산과 전류의 움직임

옴의 법칙으로는 풀 수 없는 복잡한 회로의 전류를 키르히호프의 법칙을 이용하여 계산한다.

로베르트 키르히호프는 독일의 물리 학자로, 1824년 카리닝그라드에서 태어나 그 지방의 대학에서 물리학을 공부했다.

1854년에는 하이델베르크 대학 교수로 취임하였다.

유선 통신이 발달하자 회로는 점차 복잡해졌고 회로를 흐르는 전류의 계산은 전신선이 새로 설치될 때마다 일일이 옴의 법칙에 의해 다시 계산해야 하는 번거로움이 있었다.

키르히호프는 후에 키르히호프의 법칙이라고 하는 계산법을 고안하여 전기 회로의 전류 분포를 산출하는 기초를 확립시켰다.

이 장에서는 우선 키르히호프의 제1법칙 및 제2법칙을 사용하여 회로에 흐르는 전류를 구하는 방법에 대해서 배운다.

다음에 전지의 접속법과 주의 사항에 대해서 알아본다. 또한 부하에 전류가 흐르면 전기 에너지가 발생하는데, 이 경우 전력이나 전력량과 전류와의 관계를 구한다.

그리고 또 접합된 두 종류의 금속에 온도차를 주면 기전력이 발생하는 현상과 전기 분해에 대해서 배운다.

1 전원 단자 전압의 합

그림 1과 같이 단자 ⓐ와 ⓑ간에 3개의 전원이 접속되어 있는 경우 단자 ⓐ－ⓑ간의 전압에 대해 생각해 보자. ⓐ－ⓑ간의 전압은 두 가지라는 점에 주의한다.

즉, 단자 ⓐ를 기준으로 하면 단자 ⓐ－ⓑ간의 전압 V [V]는 다음과 같다.

$$V=V_1-V_2+V_3 \text{ [V]}$$

그리고 단자 ⓑ를 기준으로 하면 단자 ⓐ－ⓑ간의 전압 V [V]는 다음과 같다.

$$V=-V_1+V_2-V_3 \text{ [V]}$$

지금, $V_1=2$ [V], $V_2=1.5$[V], $V_3=6$[V]라고 하면 단자 ⓐ를 기준으로 했을 때 전압 $V=2-1.5+6=6.5$[V]가 된다. 단자 ⓑ를 기준으로 했을 때 전압 $V=-2+1.5-6=-6.5$[V]가 된다.

이와 같이 전원 전압이 플러스와 마이너스로 이루어졌다는 것은 키르히호프의 제2법칙을 이용해 식을 만들 때 중요한 사항이 된다.

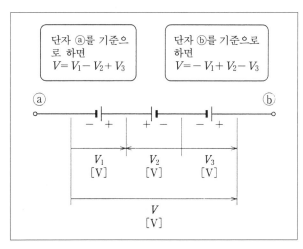

그림 1 전압의 합

2 키르히호프의 제1법칙

「회로망의 어느 접속점에서 유입되는 전류의 합은 유출되는 전류의 합과 같다.」

이것이 **키르히호프의 제1법칙**이다.

그림 2에서 점 ⓟ에 유입되는 전류의 합은 $I_1+I_2+I_3$이고 유출되는 전류의 합은 I_4+I_5이다.

따라서 키르히호프의 제1법칙으로부터 다음 식이 성립된다.

$$I_1+I_2+I_3=I_4+I_5$$

여기서 그림 2와 같은 값으로 전류가 흐르고 있다고 보고 I_5를 구하면 $5+2+2=6+I_5$이므로 $I_5=3[A]$가 된다.

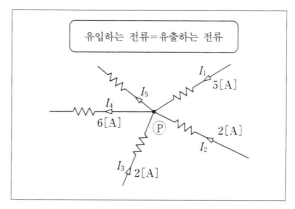

그림 2 키르히호프의 제1법칙

3 키르히호프의 제2법칙

「회로망의 어느 폐회로에 있어서 그 기전력의 합은 그 폐회로의 저항에 의한 전압 강하의 합과 같다.」

이것이 **키르히호프의 제2법칙**이다.

그림 3 (a)는 회로망중 일부분을 나타낸 회로이다. 그림 3 (b)~(e)는 폐회로를 지나가는 전류의 방향을 화살표로 표시한 것이다.

폐회로를 지나가는 화살표 방향과 같은 방향의 기전력을 +, 반대 방향의 기전력을 −로 하여 식을 만들면 다음과 같다.

그림 3 (b)의 경우 : E_1-E_2

그림 3 (c)의 경우 : $-E_1+E_2$

또한 지나가는 화살표의 방향과 같은 방향의 전류에 의한 전압 강하를 +, 반대 방향의 전류에 의한 전압 강하를 −로 하여 식을 만들면 다음과 같다.

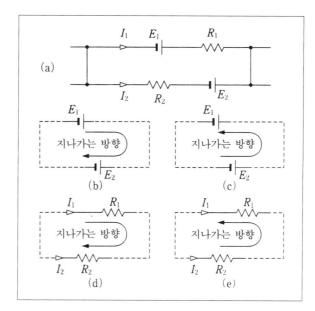

그림 3 키르히호프의 제2법칙

그림 3 (d)의 경우 : $R_1 I_1 - R_2 I_2$

그림 3 (e)의 경우 : $-R_1 I_1 + R_2 I_2$

이상에서 키르히호프의 제2법칙을 사용하여

$$\boxed{E_1 - E_2 = R_1 I_1 - R_2 I_2} \quad (1)$$

또는

$$-E_1 + E_2 = -R_1 I_1 + R_2 I_2 \quad (2)$$

예를 들면 **그림 4**의 회로에서 I_1, I_2, I_3를 구해 보자.

점 ⓟ에서 제1법칙을 적용하면 $I_1 + I_2 = I_3$

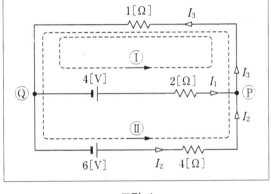

그림 4

폐회로 ⓘ과 ⓙ에서 제2법칙을 적용하면

$$\left.\begin{array}{l} 4 = 2I_1 + I_3 \\ 6 = 4I_2 + I_3 \end{array}\right\} \implies (I_3 = I_1 + I_2 을 \text{ 대입하여 식을 정리})$$

$$\implies \left.\begin{array}{l} 4 = 3I_1 + I_2 \\ 6 = I_1 + 5I_2 \end{array}\right\}$$

이 연립 방정식을 풀면 $I_1 = 1[\text{A}]$, $I_2 = 1[\text{A}]$, $I_3 = 2[\text{A}]$가 된다.

Let's review

1. 그림 4의 점 ⓠ에서 키르히호프의 제1법칙을 적용하여 식을 만들고 이 식을 사용하여 $I_1 = 5[\text{A}]$, $I_3 = 7[\text{A}]$일 때의 I_2를 구하라.

2. 그림 4의 회로에 대해서 다음 물음을 답하라.

   (1) 폐회로 ⓘ에 대해서 지나가는 방향을 반대로 했을 때 제2법칙을 적용하여 식을 만들어라.

   (2) 폐회로 ⓙ에 대해서 지나가는 방향을 반대로 했을 때 제2법칙을 적용하여 식을 만들어라.

   (3) 만든 식의 I_3에 $I_3 = I_1 + I_2$를 대입하여 식을 정리하고 연립방정식을 풀어 I_1, I_2, I_3를 구하라.

키르히호프 법칙의 적용 예와 휘트스톤 브리지

브리지

브리지(다리) 는
하천을 건너가는 길

1   **키르히호프의 법칙으로 I_1, I_2, I_3를 구한다 (1)**

키르히호프의 제1법칙 및 제2법칙을 사용하는 방법을 배웠는데, 완전히 이해할 수 있도록 많은 문제를 풀어 보도록 한다.

그럼 두 문제를 풀어 보자.

우선 **그림 1**에서 각 저항에 흐르는 전류를 구해 본다. 이 문제는 다음 순서대로 풀어 나간다.

(1) 전류 I_1, I_2, I_3와 그 방향을 화살표로 정한다.

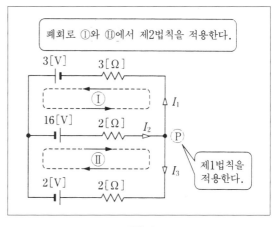

폐회로 ①와 ⑪에서 제2법칙을 적용한다.

제1법칙을 적용한다.

그림 1

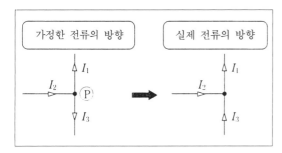

가정한 전류의 방향

실제 전류의 방향

그림 2 전류의 방향

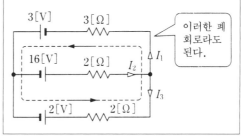

이러한 폐회로라도 된다.

그림 3 폐회로 만드는 법

(2) 폐회로를 정하고 지나가는 방향을 정한다.

이상을 가지고 식을 만든다.

점 ⑫에서 제1법칙을 적용하면

$$\boxed{I_2 = I_1 + I_3} \tag{1}$$

가 된다. 폐회로 ① ②에 대해서 제 2 법칙을 적용하여 식을 만들면 다음과 같다.

$$3 + 16 = 3I_1 + 2I_2 \tag{2}$$

$$16 - 2 = 2I_2 + 2I_3 \tag{3}$$

식 (2), (3)에 식 (1)을 대입하여 정리하면

$$\left.\boxed{\begin{array}{l} 19 = 5I_1 + 2I_3 \\ 7 = I_1 + 2I_3 \end{array}}\right\} \tag{4}$$

식 (4)의 연립 방정식을 풀면 다음과 같다.

$$I_1 = 3[\mathrm{A}], \quad I_2 = 5[\mathrm{A}], \quad I_3 = 2[\mathrm{A}]$$

만일 I_3가 마이너스이면 I_3의 방향은 가정한 전류의 방향과 반대로 된다(**그림 2**).

폐회로는 어떠한 방향으로 지나가도 되지만 전류의 방향을 확실하게 정하고 식을 만들 때는 부호에 주의해야 한다. 또 **그림 3**과 같은 폐회로에서 지나가는 방향을 그림과 같이 정하면 다음 식이 얻어진다.

$$5 = 3I_1 - 2I_3 \tag{5}$$

식 (5)는 식 (2)와 식 (3)에서 (2)~(3)으로 계산하여도 구할 수 있다.

2 키르히호프의 법칙으로 I_1, I_2, I_3를 구한다 (2)

다음에 **그림 4**와 같은 회로의 I_1, I_2, I_3를 구해 보자. 점 ⑨에 제 1 법칙을 적용하면

$$I_1 + I_2 = I_3 \tag{6}$$

폐회로 ①과 ②에 제 2 법칙을 적용하면

$$4 = 5I_1 + 10I_3 \tag{7}$$

$$4 - 2 = 5I_1 - 10I_2 \tag{8}$$

식 (7)에 식 (6)을 대입하여 연립 방정식을 만들고 답을 구하면 다음과 같다.

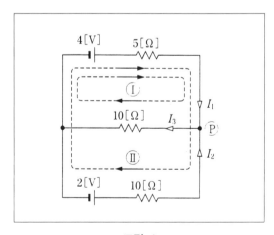

그림 4

$$\left.\begin{array}{l} 4 = 15I_1 + 10I_2 \\ 2 = 5I_1 - 10I_2 \end{array}\right\} \quad \begin{array}{l} \text{풀면} \\ \Longrightarrow \end{array} \quad \left\{\begin{array}{l} I_1 = 0.3[\mathrm{A}] \\ I_2 = -0.05[\mathrm{A}] \\ I_3 = 0.25[\mathrm{A}] \end{array}\right.$$

3 　**휘트스톤 브리지의 원리**

그림 5와 같이 점 Ⓟ와 Ⓠ간에 검류계 Ⓖ을 접속한 회로를 브리지 회로라고 한다.

지금 저항 R_2를 조정하여 검류계 Ⓖ에 전류가 흐르게 하면 Ⓟ와 Ⓠ의 전위는 같으므로 다음 식이 성립된다.

$$R_1 I_1 = R_3 I_2, \quad R_2 I_1 = X I_2$$

그러므로 　$\dfrac{R_3}{R_1} = \dfrac{X}{R_2}$,

$$X = \frac{R_3}{R_1} \cdot R_2 \, [\Omega] \qquad (9)$$

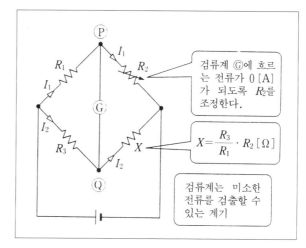

검류계 Ⓖ에 흐르는 전류가 0 [A]가 되도록 R_2를 조정한다.

$X = \dfrac{R_3}{R_1} \cdot R_2 \, [\Omega]$

검류계는 미소한 전류를 검출할 수 있는 계기

그림 5　휘트스톤 브리지의 원리

이 관계를 **브리지의 평형 조건**이라 하고 이 원리를 이용한 측정기를 **휘트스톤 브리지**라 한다. 식 (9)를 변형하면 $X \cdot R_1 = R_2 \cdot R_3$가 된다. 즉, 평형 조건의 식은 각 소자를 교차시켜 외운다.

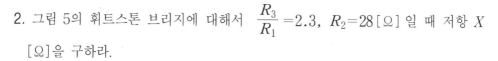

Let's review

1. **그림 6**의 회로에 대해서 다음 질문에 답하라.

   (1) 점 Ⓟ에 있어서 I_1, I_2, I_3의 관계를 나타내는 식을 만들어라

   (2) 폐회로 Ⓘ에 대해서 제 2 법칙을 적용하여 식을 만들어라.

   (3) 폐회로 Ⓘ에 대해서 제 2 법칙을 적용하여 식을 만들어라.

   (4) 위의 3개 식으로부터 I_1, I_2, I_3을 구하라.

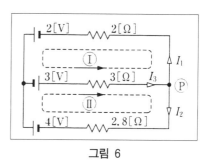

그림 6

2. 그림 5의 휘트스톤 브리지에 대해서 $\dfrac{R_3}{R_1} = 2.3$, $R_2 = 28 \, [\Omega]$ 일 때 저항 X [Ω]을 구하라.

3 전지의 내부 저항과 전지 접속법

비행기에는 공기의 저항, 수영에는 물의 저항 그리고 전지에도 저항이 있다.

1 전지의 내부 저항

전지에 대해서는 다음 절에서 상세히 배우고, 여기서는 간단하게 르클랑셰 전지를 알아보기로 하자.

그림 1과 같이 염화암모늄수용액에 탄소봉과 아연판을 넣고 램프를 접속하면 램프가 점등한다. 즉, 탄소봉과 아연판 사이에 어떠한 화학 작용이 일어나 기전력이 생겨 램프에 전류 I[A]가 흐르는 것이다. '전류가 흐른다'는 것은 화학 작용으로

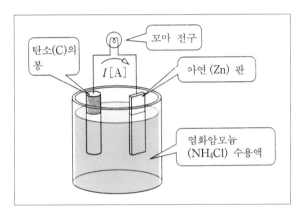

그림 1 르클랑셰 전지

전기가 생긴다는 것이고 이 경우 수용액내에 전기의 이동을 방해하는 것, 즉 저항이 있는 데 이것을 **전지의 내부 저항**이라고 한다.

2 전지의 직렬 접속

그림 2 (a)는 전지 3개를 직렬로 접속한 회로이다.

그림에 나타낸 바와 같이 전지에는 내부 저항 r[Ω]이 있다.

그림 (b)는 그림 (a)의 등가 회로이다. 기전력, 내부 저항 모두 3배가 되므로 회로에 흐르는 전류 I[A]는 옴의 법칙을 적용하여 다음 식으로 나타낼 수 있다.

$$I = \frac{3E}{3r+R} \ [\text{A}]$$

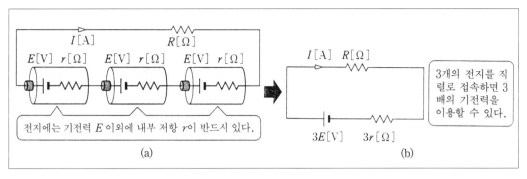

그림 2 전지의 직렬 접속

일반적으로 n개의 전지가 직렬 접속된 경우 부하 저항 $R[\Omega]$에 흐르는 전류 $I[A]$는 다음 식으로 표시된다.

$$I = \frac{nE}{nr + R} \ [A]$$

3 전지의 병렬 접속

그림 3 (a)는 전지 3개를 병렬로 접속한 그림이다.

전지의 내부 저항 $r[\Omega]$이 병렬 접속되어 있으므로 그 합성 저항은 $r/3[\Omega]$이 된다. 기전력은 바뀌지 않고 $E[V]$이다.

그림 (b)는 그림 (a)의 등가 회로이며, 회로에 흐르는 전류 $I[A]$는 다음 식으로 나타낼 수 있다.

$$I = \frac{E}{\dfrac{r}{3} + R} \ [A]$$

일반적으로 n개의 전지가 병렬 접속되어 있는 경우, 부하 저항 $R[\Omega]$에 흐르는 전류 $I[A]$는 다음 식으로 구할 수 있다. 이 경우 모든 전지의 기전력은 같다는 점에 주의하기 바란다.

$$I = \frac{E}{\dfrac{r}{n} + R} \ [A]$$

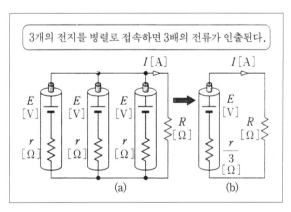

그림 3 전지의 병렬 접속

4 전기의 기전력과 단자 전압

지금 기전력 E[V], 내부 저항 r[Ω]인 전지에 부하 저항 R[Ω]을 접속했더니 전류 I [A]가 흘렀다고 한다.

이 경우 전지 내부 저항에는 **그림 4**와 같은 극성의 전압 강하가 발생한다.

따라서 전지의 단자 a-b간의 전압, 즉 단자 전압 V_{ab}는 다음 식으로 나타낼 수 있다.

$$V_{ab} = E - rI \text{ [V]}$$

전지를 오랫동안 쓰면 내부 저항이 커져 단자 전압은 낮아진다.

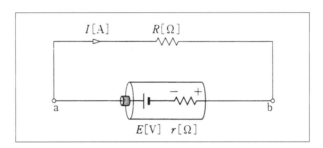

그림 4 전지의 단자 전압

5 전지를 병렬 접속하는 경우에 주의할 점

기전력이 다른 전지 E_1, $E_2(E_2 > E_1)$를 병렬 접속하면 부하 저항에 전류를 흘려 보내지 않을 때도 전류 I가 흐르게 되어 전지가 소모될 수 있으므로 주의한다.

이 경우의 전류 I는 다음 식으로 주어진다(다만 내부 저항을 r_1, r_2로 한다).

$$I = \frac{(E_2 - E_1)}{(r_1 + r_2)} \text{ [A]}$$

Let's review

1. 기전력 1.5[V], 내부 저항 0.1[Ω]인 전지 5개를 직렬로 접속하고 이것에 부하 저항 9.5[Ω]을 접속했을 때 회로에 흐르는 전류를 구하라.

2. 기전력 2.0[V], 내부 저항 0.6[Ω]인 전지 3개를 병렬로 접속하고 이것에 부하 저항 9.8[Ω]을 접속했을 때 회로에 흐르는 전류를 구하라.

3. 기전력 1.5[V], 내부 저항 0.2[Ω]인 전지에 전류 1[A]가 흐르고 있을 때 단자 전압을 구하여라.

전기 에너지를 수력에 비유한다 (전력과 전력량)

전기 에너지는 가정 전화(電化) 제품을 사용하는 데 반드시 필요하다.

적산 전력계

에어컨디셔너
램프
세탁기
드라이어
청소기
TV
분전반

1 전력과 수력

전기는 우리들 생활을 쾌적하고 편리하게 해 준다. 이것은 전기 에너지를 쉽게 보낼 수 있기 때문이다.

이 전기 에너지를 **전력**이라고 한다. 여기서는 전력을 물의 에너지, 즉 수력에 비유해 생각해 보자.

그림 1은 우물 펌프로 수위가 낮은 곳에서 물을 퍼 올려 수조에 물이 흐르게 한 장치이다.

수조 중간에서 물의 낙차를 이용해 수차를 돌리고 수차의 회전력으로 톱을 회전시켜 목재를 자르고 있다. 이와 같이 수력은 수차를 회전시키는 힘, 즉 기계 에너지를 만들어 낸다.

이와 같은 관계를 전기 회로에 적용시키면 우물 펌프는 발전기에, 수차는 모터에, 수류는 전류에 대응할 수 있다.

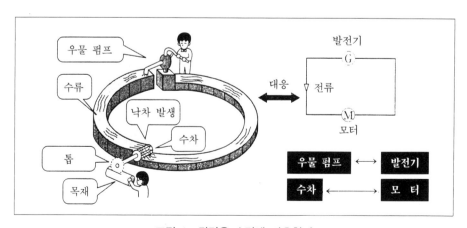

그림 1 전력을 수력에 비유한다

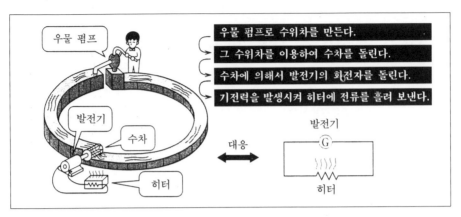

그림 2　수력을 전력으로 변환시킨다

발전기에서 발생한 전기 에너지는 모터를 회전하는 기계 에너지로 변환된다.

그림 2는 같은 수조에서 수류를 이용해 수차를 돌리고 그 회전력으로 발전기 회전자를 회전시켜 전기 에너지를 발생시키고 있다. 그 에너지로 히터를 가열한다.

이와 같이 전기 에너지는 수력에 비유할 수 있는 동시에 수력이 전기 에너지를 만들어 내는 것이다.

2 　전력 표시 방법

전력이란 1초간에 전기가 하는 일이다. 전력은 기호 P로 표시하고 단위에 와트[W]가 사용된다. 지금 저항 R[Ω]에 전압 V[V]가 가해지고 전 I[A]가 흐르고 있다고 하자.

이때 저항에서 소비되는 전력 P[W]는 다음 식으로 표시된다.

$$P = VI \text{ [W]}$$

그리고 위의 식은 **그림 3**과 같이 나타낼 수 있다.

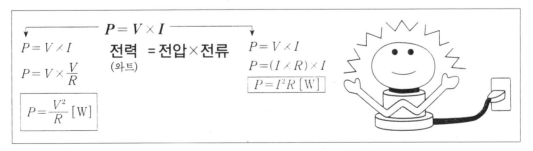

그림 3　전력 표시 방법

3 전력량 표시 방법

전력량은 전력과 시간을 곱한 값으로, 기호 W로 표시하고 단위에 와트시[Wh]가 사용된다. 즉, 전력 P[W]를 t시간 사용했을 때 전력량 W[Wh]는 다음 식과 같이 나타낼 수 있다.

$$W = Pt \ [\text{Wh}]$$

또한 다음과 같이 표시할 수 있다.

$$W = VIt = I^2Rt = \frac{V^2}{R}\,t\ [\text{Wh}]$$

그림 4는 램프 3개에 전압 V[V]를 가해 전류 I[A]를 흘려 램프(P[W])를 점등시키고 있는 것이다.

램프의 저항은 전부 동일하며 R[Ω]이라고 하면 램프 1개에 가해지는 전압은 $V/3$[V]이므로 램프를 t시간 점등했을 때 전력량 W는 다음 식과 같이 된다.

램프 1개당

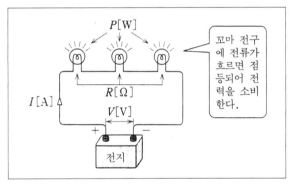

그림 4 전력

$$W = \frac{V}{3}\,It\ [\text{Wh}] \quad 또는 \quad W = I^2Rt = \frac{V^2}{9R}\,t\ [\text{Wh}]$$

전력량 단위에는 킬로와트시[kWh]가 사용된다. 각 가정에서는 전기량의 단위에 이 [kWh]가 사용되며 사용한 전기량만큼 전기 요금을 전력 회사에 지불하게 된다.

Let's review

1. 저항값 5Ω의 히터에 전압 100V를 가했을 때 소비되는 전력을 구하라.

2. 60W, 100V의 백열 전구에 전압 100V를 가했을 때 흐르는 전류와 백열 전구의 저항을 구하라.

3. 어느 히터에 전압 100V를 가했을 때 4A의 전류가 흘렀다. 이 히터를 3시간 사용하면 이 시간에 소비된 전력량은 몇 [kWh]가 되는가?

4. 100W 백열 전구를 6시간, 250W의 히터를 3시간 사용했을 때 전체 전력량을 구하라.

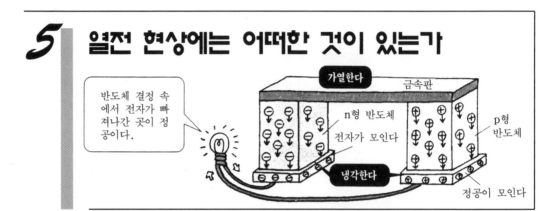

5 열전 현상에는 어떠한 것이 있는가

반도체 결정 속에서 전자가 빠져나간 곳이 정공이다.

가열한다 · 금속판

n형 반도체 · 전자가 모인다

냉각한다

p형 반도체

정공이 모인다

---

1 제벡 효과

그림 1(a)와 같이 2개의 금속 A, B를 접속하여 접합점 J_1을 가열하고 J_2를 냉각시키면 기전력이 발생한다. 이 기전력을 **열기전력**이라 하고 J_1은 **열접점**, J_2는 **냉접점**이라 한다.

그리고 이와 같은 현상을 **제벡 효과**라고 부르고 금속 2개를 한 쌍으로 조합한 것을 **열전쌍**이라 한다.

금속 A와 B로 이루어진 열전쌍에 금속 C를 그림 1 (b)와 같이 접속하여 접합점 J_2의 온도를 같게 유지하면 C를 접속하지 않

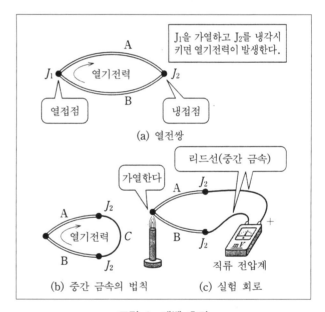

J_1을 가열하고 J_2를 냉각시키면 열기전력이 발생한다.

A
열기전력
B
열접점 · 냉접점
(a) 열전쌍

리드선(중간 금속)
가열한다
열기전력
(b) 중간 금속의 법칙
(c) 실험 회로
직류 전압계

그림 1 제벡 효과

을 때와 동일한 열 기전력이 발생한다. 이 경우 금속 C를 **중간 금속**이라 하고 이 현상을 **중간 금속의 법칙**이라고 한다.

그림 1 (c)는 열전쌍의 한 끝을 가열하고 다른 끝은 직류 전압계에 접속하여 열 기전력을 측정하는 실험 회로이다. 이 경우 직류 전압계와 2개의 접합점 J_2를 접속하기 위해 사용된 리드선은 중간 금속에 해당하며, 냉접점은 특별히 냉각하고 있지 않지만 상온으로 유지되고 있어 열접점에 비해 온도가 낮다고 본다. 이 제벡 효과를 이용해서 온도를 측정할 수 있다.

즉, 냉접점 J_2를 물과 얼음을 넣은 보온병안에 넣어 0[℃]로 유지하고 열접점 J_1의 온도와 발생한 열 기전력의 관계를 **그림 2**와 같이 미리 그래프로 만들어 둔다.

이 그래프를 이용해서 열 기전력에서 온도를 구한다. 이 원리를 이용한 온도계를 **열전 온도계**라 한다.

열전쌍에는 여러 가지 종류가 있지만 여기서는 구리·콘스탄

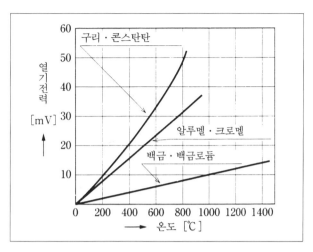

그림 2 열전쌍의 종류와 특성

탄, 알루멜·크로멜, 백금·백금 로듐의 온도-열 기전력 특성을 알아 보았다.

---

❷ 열전 전류계

그림 3은 열전 전류계의 원리를 나타낸 것이다. 유리구 안에 열선을 넣고 진공 상태로 한다. 열전쌍(구리·콘스탄탄)의 열 접점을 열선에 접촉하고 열선에는 회로 전류가 흐르도록 해 둔다.

열선에 전류가 흐르면 전류의 제곱에 비례한 열 에너지가 발생하기 때문에 열선의 온도가 상승한다.

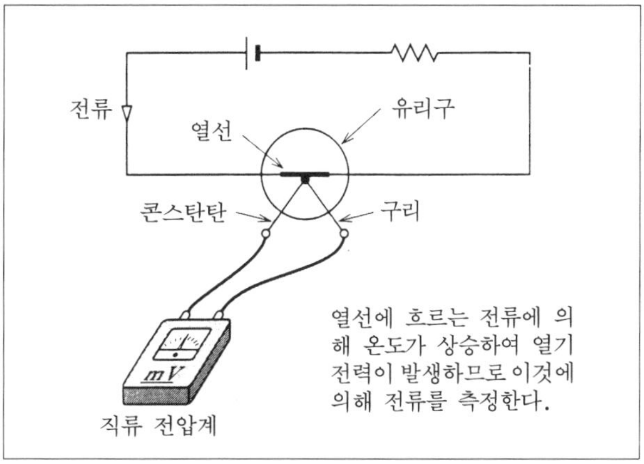

이 온도를 열전쌍에 의해 열

그림 3 열전 전류계의 원리

기전력으로 변환하고 직류 전압계로 그 값을 읽는다.

즉, 전류 → 온도 → 열 기전력의 변환에 의해 전류를 직류 전압계로 구할 수가 있다. 이와 같은 원리에 의해 전류를 측정하는 전기 계기를 **열전 전류계**라 한다.

또한 열전 온도계나 이 열전 전류계는 열전쌍을 응용한 것이며 이와 같은 전기 계기를 **열전형 계기**라고 한다.

3 펠티에 효과

그림 4는 펠티에 효과 현상의 원리를 나타낸 것이다. 그림과 같이 비스무트와 안티몬을 접합하여 전류를 흘리면 그 접합부 J의 온도가 변화한다. 이 현상을 **펠티에 효과**라고 한다.

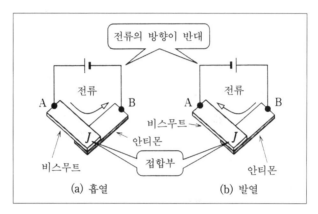

그림 4 펠티에 효과

그림 4 (a)와 같은 방향으로 전류를 흘리면 접합부 J에서 흡열 현상이 나타나고 J가 냉각된다. 또, 그림 4 (b)와 같은 방향으로 전류를 흘리면 접합부 J에서 발열 현상이 나타나고 J가 가열된다. 즉, J에서 흡열하고 있을 때 A, B는 발열하고 J에서 발열하고 있을 때 A, B는 흡열한다.

여기서는 펠티에 효과가 현저하게 나타나는 비스무트와 안티몬을 예로 들었지만 종류가 다른 금속을 사용하면 접합부 J에서 발열이나 흡열이 일어난다. 이 펠티에 효과를 응용한 것으로 전자 냉각 장치가 있다.

Let's review

1. 다음 문장중의 (   ) 안에 적절한 어구를 넣어라.
   (1) 2개의 금속선 양단을 접합하여 한 쪽을 가열하고 다른 쪽을 냉각하면 기전력이 발생한다. 이 기전력을 (①)이라 하고 이 2개의 금속선을 조합한 것을 (②)이라 한다. 또, 이 현상을 (③)라고 한다.
   (2) 열전쌍를 이용한 계기에는 (④)와 (⑤)가 있다. 이와 같은 것을 (⑥)형 계기라고 말한다.
   (3) 펠티에 효과를 응용한 장치에는 (⑦)가 있다.

6 전기 분해에 대해서

1 전해액이란

식염수나 묽은 황산 등의 용액 속에는 +전기를 띤 물질(이것을 **양 이온**이라 한다)과 －전기를 띤 물질(이것을 **음 이온**이라 한다)이 존재한다.

이와 같이 용액속에서 양 이온과 음이온으로 나뉘어지는 현상

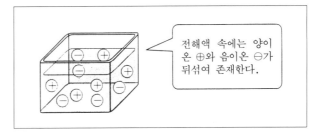

그림 1 전해액

을 **전리**(電離)라고 하고 전리된 수용액을 **전해액**(電解液)이라 한다.

그림 1은 전해액속에서 양 이온과 음 이온으로 전리되어 있는 상태를 나타내고 있다.

전해액은 이온의 작용에 의해 전기가 잘 통과되므로 도체라고도 할 수 있다. 그러나 순수한 물에는 이온이 없으므로 절연체이다.

2 전기 분해란

황산의 수용액(묽은 황산)은 전해액이고 **그림 2** (a)와 같이 수소 이온(H^+)과 황산 이온(SO_4^{--})으로 전리되어 있다. 이 상태에서 그림 2 (b)와 같이 백금판 전극을 2장 넣고 직류 전원에 접속한다. 이 경우 음 이온 SO_4^{--}는 +전극으로, 양 이온 H^+는 －전극으로 끌리게 된다.

따라서 전류는 이온을 매개로 하여 그림과 같은 방향으로 흐르게 된다.

H^+는 －전극으로부터 전자를 받아 수소 가스(H_2)로 되고 SO_4^{--}는 +전극에 전자를 주는 동시에 물(H_2O)과 반응해서 황산이 된다.

그림 2 (c)는 황산구리 수용액에 전극으로 2장의 백금판을 넣고 전류를 흘리면 −전극으로 구리이온(Cu^{++})이 끌려가 여기서 전자를 받아 구리(Cu)로 되어 −전극에 부착한다. 이것은 황산구리가 전기에 의해 분해된 결과이다.

이와 같이 화학 변화에 의해 물질이 분해하는 현상을 **전기 분해**라고 한다.

전기 분해에 의해 구리가 석출되는 양은 **그림 3**과 같이 시간이 지날수록 증가한다.

일반적으로 전기 분해에 의해

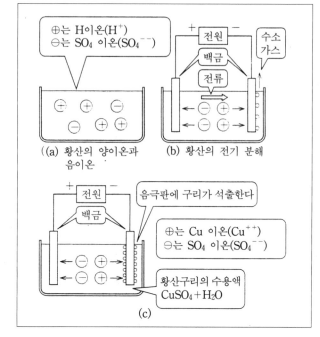

그림 2 전기 분해

석출되는 물질의 양 $m[g]$은 전해액을 흐르는 전류 $I[A]$와 전류를 흘리는 시간 $t[s]$의 곱에 비례하며 다음 식으로 나타낼 수 있다.

$$m = kIt\,[g]$$

여기서 It란 전기량 $Q[C]$이므로

$$m = kQ\,[g]$$

이라고 쓸 수 있다. 비례상수 k는 1C의 전기량에 의해 석출되는 양으로 **전기화학당량**이라고 한다.

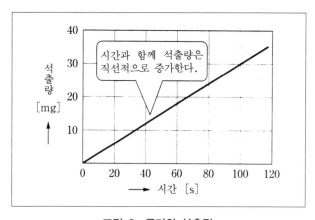

그림 3 구리의 석출량

3 전기 도금

그림 4는 은 도금의 예로 은 도금에서는 은 이온, 구리 도금에서는 구리 이온, 크롬 도금에서는 크롬 이온을 포함한 전해액이 필요하다.

그림 4와 같이 시안화은 용액내에서 −전극(음극)으로 도금하는 것을 사용하여 전기 분해하는 것이다.

그림 4의 예는 음극에 스푼을

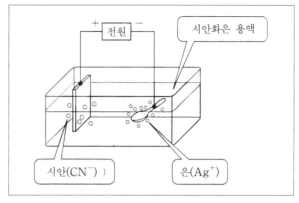

그림 4 은 도금

사용하고 있기 때문에 시안화은 용액내의 은 이온(Ag^+)이 음극에서 전자를 받아 은(Ag)으로 되어 스푼에 부착, 은 도금된다.

4 전기 분해를 이용하여 1암페어를 구한다

전기 분해에 의해 전류의 단위 암페어[A]를 구하는 방법을 알아본다.

전해액으로 질산은을 사용하여 전기 분해했을 때 1초간에 은 0.001118g을 석출하는 전류가 1A이다.

전기 측정법에서는 이와 같이 구한 단위 암페어 1A를 **1국제 암페어**라 정하고 있다.

Let's review

1. 다음 문장 (   ) 안에 적절한 어구를 넣어라.
   (1) 용액내에서 양 이온과 음 이온으로 분리되는 현상을 (①)라 하고, 이러한 수용액을 (②)이라 한다.
   (2) 용액에 전류를 흘림으로써 화학 변화시켜 이것에 의해 물질이 분해하는 것을 (③)라 한다.
   (3) 전기 분해를 이용해서 구한 단위 암페어를 (④) 암페어라 한다.
2. 구리의 정제 장치에서 100A의 전류를 20시간 흘렸을 때 순수한 구리는 몇 킬로그램 얻어지는가? 단 구리의 전기 화학 당량은 0.3293 mg/C로 한다.

1 전지의 여러 가지

전지란 화학 에너지를 전기 에너지로 변환하는 장치이다. 전지에는 방전되어 버리면 재차 방전할 수 없는 **1차 전지**와 충전하면 몇 번이고 사용할 수 있는 **2차 전지**가 있다.

그림 1은 흔히 사용되고 있는 전지인데, 모두 건전지라고 불리는 1차 전지이고 망간 전지의 단1, 단2, 단3 모두 1.5V이고, 적층 전지는 9V의 기전력을 나타낸다. 알칼리 망간 건전지는 장시간 사용할 수 있는 특징이 있고 적층 전지는 기전력이 높다는 특징이 있다. 또, 2차 전지에는 자동차 배터리로 사용되는 납 축전지, 전기 면도기 등에 사용되는 니켈카드뮴 축전지가 있다.

그림 1 여러 가지 전지

2 전지의 원리

그림 2는 묽은 황산내에 전극으로 구리판과 아연판을 넣은 전지의 원리도이다. 묽은 황산은 수소 이온(H^+)과 황산 이온(SO_4^{--})으로 전리하고 있다.

그리고 아연(Zn)은 이온으로 되기 쉽기 때문에 아연판에서 용출하여 아연 이온(Zn^{++})

이 된다. 이 때문에 아연판은 마이너스로 대전한다($\ominus$로 표시하고 있다). 이 아연 이온은 SO_4^{--}와 결합하여 황산아연($ZnSO_4$)이 된다.

한편, 수소 이온(H^+)은 구리판에 부착하여 구리판에서 전자를 받아 수소 가스(H_2)로 되고 전해액에서 외부로 소멸된다. 구리판은 전자를 방출하였으므로 플러스로 대전한다($\oplus$로 표시하고 있다).

여기서 램프를 그림 2와 같이 접

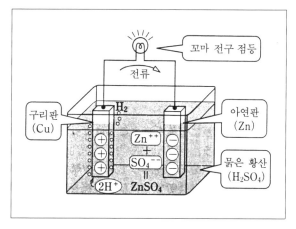

그림 2 전지의 원리

속하면 구리판 → 전선 → 램프 → 전선 → 아연판 방향으로 전류가 흘러 램프가 점등한다. 기전력은 약 1V이다.

3 방전과 충전

이미 방전이라든가 충전이라는 단어를 사용하였지만 이들은 어떠한 의미를 가지는 것일까?

그림 3 (a)는 전지의 종류에 관계 없이 전지에서 부하로 전류를 흘려 부하에 어떠한 일을 시키고 있는 그림으로, 이것을 **방전**이라 한다.

그림 3 (b)는 2차 전지에 전원에

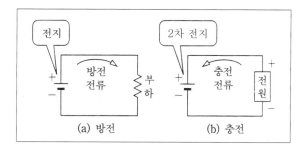

그림 3 방전과 충전

서 전류를 들여 보내고 있다. 이것을 **충전**이라 한다.

4 납축전지와 망간 건전지

그림 4는 납 축전지의 원리도이다. 납판(Pb)과 이산화납판(PbO_2)을 전극으로 하여 묽은 황산내에 넣고 충전과 방전을 반복하면 납판은 음극, 이산화납판은 양극이 된다.

그래서 그림 4와 같이 전류 $I[A]$를 흘려 충전하면 외부에서 납축전지에 가해진 전기에너지는 화학 에너지로 전지내에 축적되어 양극과 음극간에 기전력을 발생한다.

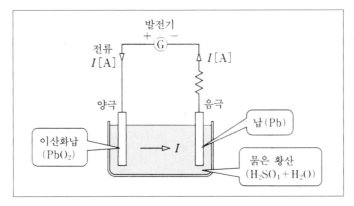

그림 4 납축전지(2차 전지)

그림 5는 보통의 건전지로 가장 많이 사용되고 있는 망간 건전지의 구조도이다. 전해액은 염화암모늄이고 이것에 종이나 천을 담가 음극 아연통에 접촉시킨다. 양극은 탄소봉이다. 망간 건전지의 기전력은 약 1.5V이고 건전지의 크기에 따라 단 1, 단 2, 단 3, 단 4, 단 5 등이 있다.

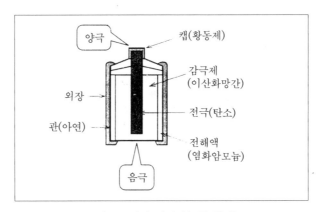

그림 5 망간 건전지(1차 전지)

Let's review

1. 다음 문장 (   ) 안에 적절한 어구를 넣어라.

   (1) 전지에는 방전되어 버리면 재차 사용할 수 없는 (①)전지와 충전하면 몇 번이고 사용할 수 있는 (②)전지가 있다.

   (2) 널리 사용되고 있는 건전지에 (③) 건전지가 있다.

   (3) 자동차 배터리로 사용되고 있는 전지의 명칭은 (④)이다.

   (4) 전지란 (⑤) 에너지를 (⑥) 에너지로 변환하는 장치이다.

제3장의 요약

이 장에서는 직류 회로의 계산과 전류의 작용에 대해서 배웠는데, 여기서는 이들에 관련해서 설명하지 않은 사항에 대해 기술한다.

● **초전도** : 신문이나 잡지 등에서는 초전도(超電導)라고 표기되는 경우가 많지만 전기 공학에 관한 학술 용어에서는 초전도(超傳導)가 사용되고 있다. 금속의 저항은 그 온도를 −273℃로 낮추면 저항이 0[Ω]이 되는 현상이 있다. 이것을 **초전도**라고 한다. 최근에는 −100℃ 이상의 온도에서도 초전도를 나타내는 물질이 개발되고 있다. 초전도 상태에서 전류를 흘려 보내면 저항이 0Ω이기 때문에 환상 전류가 영구히 흘러 강력한 자석을 만들 수 있다. 초전도 현상을 응용한 것에 리니어 모터 카가 있다. 이것은 초전도 자석으로 열차를 뜨게 하여 리니어 모터로 달리게 하는 원리에 기초하고 있다.

● **줄의 법칙** : 저항 R[Ω]인 니크롬선에 전압 V[V]를 가하여 전류 I[A]가 t초간 흘렀을 때 발생하는 열량 H[J](줄)은 다음 식으로 표시된다.

$$H = RI^2 t = VIt = \frac{V^2}{R} t \, [\text{J}]$$

이 관계식은 영국의 물리학자 줄에 의해 확인된 것으로, **줄의 법칙**이라 한다. 1J은 1Ω의 저항에 1A의 전류가 1초간 흘렀을 때 발생하는 열량이다.

● **전기 분해에 관한 패러데이의 법칙** : 전해액에 전류 I[A]를 t초간 흘렸을 때 금속(원자량을 A, 이온의 가수를 n으로 한다)이 석출되는 양 m[g]은 다음 식으로 표시된다.

줄

$$m = \frac{A}{n} \cdot \frac{It}{96,500} \, [\text{g}]$$

이 관계를 **전기 분해에 관한 패러데이의 법칙**이라고 한다.

*Let's review*의 해답

▶ 〈52면〉

1. $I_3 = I_1 + I_2$, $I_2 = 2$[A]
2. (1) $-4 = -2I_1 - I_3$
   (2) $-6 = -4I_2 - I_3$
   (3) $I_1 = 1$[A], $I_2 = 1$[A], $I_3 = 2$[A]

▶ 〈55면〉

1. (1) $I_3 = I_1 + I_2$
   (2) $3 + 2 = 3I_3 + 2I_1$
   (3) $3 + 4 = 3I_3 + 2.8I_2$
   (4) $I_1 = 0.4$[A], $I_2 = 1$[A], $I_3 = 1.4$[A]
2. 64.4Ω

▶ 〈58면〉

1. 0.75A
2. 0.2A
3. 1.3V

▶ 〈61면〉

1. 2000W   2. 0.6A, 166.7Ω
3. 1.2kWh   4. 1.35kWh

▶ 〈64면〉

1. ① 열 기전력   ② 열전쌍
   ③ 제벡 효과
   ④, ⑤ 열전 온도계, 열전 전류계
   ⑥ 열전   ⑦ 전자 냉각 장치

▶ 〈67면〉

1. ① 전리   ② 전해액
   ③ 전기 분해   ④ 1국제
2. 2.37kg

▶ 〈70면〉

1. ① 1차   ② 2차   ③ 망간
   ④ 납축전지   ⑤ 화학   ⑥ 전기

제4장

자기는 어떠한 성질을 가지고 있는가

자석에 대한 연구는 영국의 길버트에 의해 처음으로 확립되었다. 윌리암 길버트는 1544년에 태어나 케임브리지 대학에서 수학과 의학을 배웠다.

1599년 왕립 의과대학 총장에 취임하였고 엘리자베스 여왕의 주치의로 일했다. 이 동안 화학, 전기, 자기에 대한 연구를 계속하였고 1600년에 「자석에 대해서」라는 저서를 발표하였는데, 여기서 지구는 큰 자석이고 그것에 의해 나침반이나 복각(지자기의 방향이 수평면과 이루는 각도)의 작용을 설명하였다. 그의 저술은 전기 자기학의 문을 열었다는 점에서 의미가 크다.

이 장에서는 우선 자석의 성질에 대해 배운 다음, 자극과 자극 간에는 흡인력 또는 반발력이 작용하며 그 힘의 크기는 쿨롱의 법칙에 의해 구할 수 있는 것과 또 자석에서는 눈에 보이지 않는 자력선이 나오고 있으며 이 자력선과 자속은 어떠한 관계가 있는지에 대해 알아 본다.

그리고 또 전류가 흐르면 그 도선 주위에 자계가 발생하고 자기 회로라고 하는 일종의 회로가 구성되는 것과 철 등의 자성체에 도선을 감아 전류를 흘리면 전자석이 생기는 것 등에 대해서 배우기로 한다.

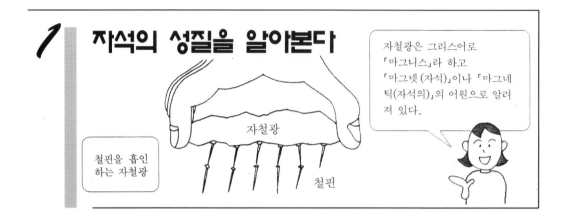

1 자석의 성질을 알아본다

자철광은 그리스어로 「마그니스」라 하고 「마그넷(자석)」이나 「마그네틱(자석의)」의 어원으로 알려져 있다.

자철광

철편을 흡인하는 자철광

철편

1 자석과 자극

자철광은 철과 같은 것을 끌어 당기는 힘을 가진 천연 자석이다. 인공적으로 만들어진 자석에는 **그림 1**과 같이 막대자석과 U자형 자석이 있다.

철 등을 끌어 당기는 자석의 성질을 **자성**이라고 하고 자성은 자석 양단에 집중되어 있는데 이것을 **자극**이라고 한다. 자극에는 N극과 S극의 두 종류가 있다.

그림 2는 막대자석을 위에서 매달았을 때 **N극**이 북을, **S극**이 남을 향하고 있는 것을 나타내고 있다. 이 현상은 뒤에 상세히 배우겠지만 지구 자체가 큰 자석이기 때문에 나타나는 것이다. **그림 3**과 같은 방위 자석도 동일하게 자침의 N극이 북을 가리킨다.

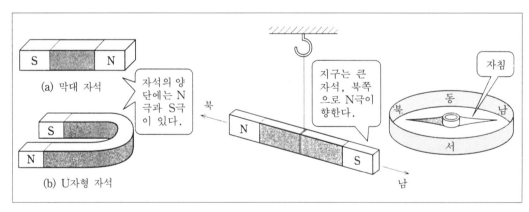

자석의 양 단에는 N극과 S극이 있다.

(a) 막대 자석

(b) U자형 자석

북

지구는 큰 자석, 북쪽으로 N극이 향한다.

남

자침

북 동 남 서

그림 1 자석의 종류　　그림 2 막대자석은 남북을 향한다　　그림 3 방위 자석의 자침

2 자극의 작용

막대자석으로 철편이나 니켈조각을 끌어당기는 실험을 한 경험이 있을 것이다.

또한 모래 속에서 자석을 휘저으면 자석 양단에 사철이 붙는 것을 보고 자석이 가진 힘에 놀란 적도 있을 것이다(**그림 4**).

이와 같이 철편 등을 끌어 당기는 현상은 자극의 작용이며, 자극의 작용을 강하게 받는 물질을 **강자성체**, 그렇지 않은 물질을 **상자성체, 반자성체**라고 한다.

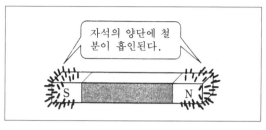

그림 4 자극의 작용

- **강자성체**…철, 니켈, 규소강, 퍼멀로이
- **상자성체**…알루미늄, 산소
- **반자성체**…은, 동, 물

3 자기 유도란

그림 5는 막대자석 양단에 못이 연속적으로 이어져 매달려 있는 상태를 나타내고 있다. 그림과 같이 막대자석의 N극에 가까운 쪽의 못의 윗부분에는 S극이 나타나고 먼 쪽의 못끝에는 N극이 나타난다. 또한 그 다음 못에도 S극과 N극이 나타난다.

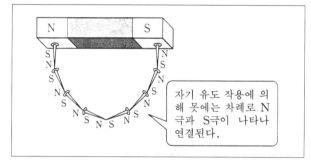

그림 5 자기 유도

한편, 막대자석 S극에는 못의 윗부분에 N극이, 끝에 S극이 나타난다. 이하, 같은 현상이 생겨 그림과 같은 형태가 된다. 이와 같이 못에 자극이 나타나는 현상을 **자기 유도**라고 한다.

4 분자 자석에 대해서

그림 6은 막대자석을 쇠톱으로 절단했을 때 새로 N극과 S극이 생기는 것을 나타내고 있다. 이와 같이 몇 개로 절단하여도 새로운 자석이 되는 것은 어떤 이유에서일까?

자석을 분할해 나가다가 더 이상 분할할 수 없을 정도로 작게 한 것을 **분자 자석**이라고 한다.

철 등의 강자성체는 헤아릴 수 없을 정도로 많은 분자 자석으로 되어 있고 보통 상태에서는 분자 자석의 방향이 제각각이어서 전체적으로는 자성을 나타내지 않는다.

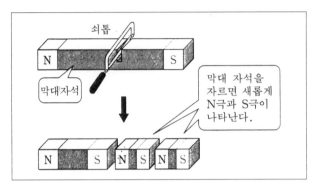

그림 6 자석을 절단한다

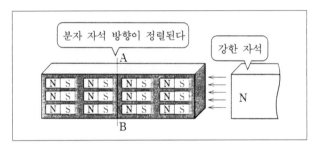

그림 7 분자 자석

그림 7은 자성체에 강력한 자석을 가까이 가져갔을 때 분자 자석의 방향이 일정한 것을 나타내고 있다.

일반적으로 자석이라고 불리는 물질은 이와 같이 분자 자석이 정렬되어 있는 상태이다. 지금 A−B면을 절단해 보자. 절단면에 나타나는 자극은 왼쪽은 S극, 오른쪽은 N극이 된다. 몇 개로 절단해도 자석인 것이 이 설명으로 이해된다. 이런 사고 방식을 **자기분자설**이라고 한다. 자기 분자설에 대해서는 95페이지에서 상세히 기술했다.

Let's review

1. 철 등을 끌어 당기는 자석의 성질을 무엇이라고 하는가?
2. 다음 문장의 (   ) 안에 적절한 용어를 넣어라.
   (1) 자극에는 (①)과 (②)의 두 종류가 있다.
   (2) 자성의 작용이 강한 물질을 (③)라고 한다.
   (3) 방위 자석의 자침의 N극은 지구의 (④)극을 향한다.
   (4) 자석의 N극에 강자성체를 가까이 가져가면 N극에 가까운 쪽에 (⑤)극이
      나타난다. 이 현상을 (⑥)라고 한다. 자석을 절단하면 새로운 자석이 생기
      는 것은 (⑦)에 의한다.

자력선과 자극간에 작용하는 힘 (쿨롬의 법칙)

1 자력선이란

그림 1은 막대자석의 N극과 S극간에 발생한 **자력선**이라는 가상(假想)의 선을 나타내고 있다. 자력선은 다음과 같은 성질을 가지고 있다.

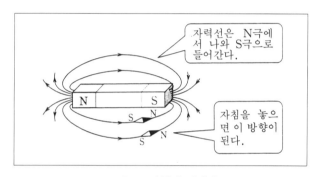

그림 1 자석의 자력선

① 자력선은 N극에서 나와 S극으로 들어간다.

② 자력선은 서로 교차하지 않는다.

③ 자력선은 고무 끈과 같이 수축하려고 한다. 또, 상호 반발한다.

이와 같은 자력선이 존재하는 장소를 **자계**라고 한다.

그림 1과 같이 자계내에 자침을 놓으면 자력선의 접선 방향으로 자침이 움직인다. 이 방향이 **자계 방향**이다.

2 자극과 자극간에는 흡인력, 반발력이 생긴다

자석에서 자력선이 발생하고 있기 때문에 자극과 자극간에는 흡인력이나 반발력과 같은 일종의 힘이 나타난다. 이 힘을 **자력**이라고 한다.

그림 2 (a)는 N극과 S극을 서로 마주 보게 한 것인데, N극에서 나와 S극으로 들어가는 자력선은 고무 끈과 같이 줄어들려고 하고 그 결과 N극과 S극은 서로 끌어 당긴다. 또, 그림 2 (b)는 N극과 N극을 서로 마주 보게 한 것인데, N극에서 나온 자력선은

서로 교차하지 않으려는 성질이 있기 때문에 N극과 N극은 서로 반발한다. 이상에서 다음과 같이 정리할 수 있다.

자극이 다른 경우에는 흡인력이 작용하고 동일한 경우에는 반발력이 작용한다.

그리고 N극을 양극(+), S극을 음극(−)이라고 한다. 자극에 관한 쿨롬의 법칙(다음 페이지에서 배운다)을 사용하여 자극간에 작용하는 흡인력이나 반발력을 계

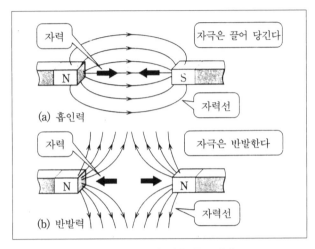

그림 2 자극에 작용하는 자력

산하는 경우 이것을 염두에 두고 계산해야만 한다. 즉, 자극 m[Wb]가 N극일 때는 +m 으로 하고 자극 m′[Wb]가 S극일 때는 −m′로 하여 식을 만들어야 한다.

3 자극간에 작용하는 힘(쿨롬의 법칙)

그림 3 (a)는 철심에 코일을 감고 전류를 흘렸을 때 철심 양단에 자극이 생기고 자극에 흡인력이 발생하고 있는 것을 나타내고 있다. 이 경우 철심에 코일을 감은 것을 **전자석**이라고 하는데, 전자석에 대해서는 제 4 절에서 상세하게 배운다.

그림 3 (a)에서 마주보고 있는 N극과 S극이 한점이라 생각할

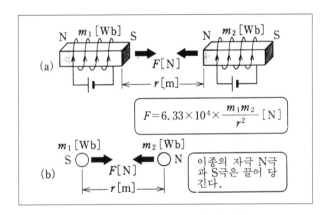

$$F = 6.33 \times 10^4 \times \frac{m_1 m_2}{r^2} \, [\text{N}]$$

이종의 자극 N극과 S극은 끌어 당긴다.

그림 3 자기에 관한 쿨롬의 법칙

수 있을 정도로 r[m]가 크다고 하면 그림 3 (b)와 같이 나타낼 수 있다.

그림에 표기한 m_1, m_2는 자극의 세기를 나타내고 단위에는 **웨버**[Wb]를 사용한다. 그리고 자극간에 작용하는 힘 F의 단위에는 **뉴튼**[N]을 사용한다.

프랑스 물리 학자 쿨롬은 실험 결과 자극간에 작용하는 힘 F는 다음과 같은 것을 증명하였다.

2개의 자극간에 작용하는 힘 F는 자극의 세기 m_1, m_2의 곱에 비례하고 자극간의 거리 r의 제곱에 반비례한다.

이상을 식으로 나타내면 다음과 같다.

$$F = 6.33 \times 10^4 \times \frac{m_1 m_2}{r^2} \text{ [N]}$$

(1)

진공에서 1 Wb인 2개의 자극을 1 m 거리에 두었을 때 자극간에 작용하는 힘은 6.33×10^4 N이다.

이 관계를 **자기에 관한 쿨롬의 법칙**이라 한다(정전기에 관한 쿨롬의 법칙도 있다). 이 식으로 계산하는 경우 자극의 세기 m[Wb]는 N극일 때 플러스, S극일 때 마이너스로 표시한다. 계산 결과 F가 +일 때 반발력이 있고 −일 때 흡인력이 된다.

4 비례 상수 6.33×10^4에 대해서

자극이 진공 밖에 놓여져 있는 경우 식 (1)은 다음과 같이 표시된다.

$$F = \frac{1}{4\pi\mu} \times \frac{m_1 m_2}{r^2}$$

여기서 μ는 자속 투과(통과)의 수월성을 나타내는 상수라는 의미에서 투자율(透磁率)이라고 하고(82페이지 참조) 진공 투자율 μ_0는 $4\pi \times 10^{-7}$이므로

$$\frac{1}{4\pi\mu_0} = \frac{1}{4\pi 4\pi \times 10^{-7}} = 6.33 \times 10^4$$

이 된다.

그리고 공기의 투자율은 진공과 거의 동일하므로 6.33×10^4를 사용하여 계산해도 된다.

Let's review

1. 다음 문장중의 (   ) 안에 적절한 용어를 넣어라.

   (1) 자력선은 (①)극에서 나와 (②)극으로 들어간다.

   (2) 자계의 방향은 자력선의 (③) 방향이다.

   (3) 자극간에 작용하는 (④)이나 (⑤)을 자력이라고 한다. 자극이 상이한 경우의 자력은 (⑥)이고 동일한 경우는 (⑦)이다.

2. 공기중에서 4×10^{-4} Wb의 N극과 2.5×10^{-4} Wb의 N극이 5 cm 떨어져 놓여 있다. 양자극간에 작용하는 힘을 구하라. 그리고 자력은 흡인력, 반발력 중 어느 쪽인가?

3 자력선과 자속(철은 자속을 흡수한다)

1 자력선과 자속

자력선은 자석 주위의 물질에 따라 자력선 수가 다르다.

또, 자력선 그 자체가 통과하는 철 등의 물질에 따라 그 수가 다르다.

따라서 **그림 1** (a)와 같이 자석 내부와 외부는 자력선의 수가 다르다. 물질에 따라 자력선이 통과하기 쉬운가의 여부를 나타내는 상수를 **투자율**이라고 하며 μ(뮤)로 나타낸다.

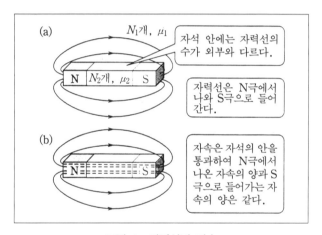

그림 1 자력선과 자속

자력선의 수를 외부는 N_1개, 내부는 N_2개로 하고 투자율을 외부는 μ_1, 내부는 μ_2로 한다.

여기서 가상적인 선 Φ(파이)를 생각하고 자력선의 수와 투자율을 사용하여 Φ를 나타낸다.

여기서 $\Phi = \mu_1 N_1 = \mu_2 N_2$가 성립한다고 하면 자력선이 통과하는 물질이 다르더라도 Φ는 동일하게 된다. 이 Φ를 **자속**이라고 한다.

그림 1 (b)는 자속이 N극 → S극 → N극 순으로 통과하고 자속의 양은 통과하는 물질이 다르더라도 동일한 것을 나타내고 있다. 앞으로 자속을 Φ로 나타내고 단위를 자극의 단위와 같은 [Wb]로 한다. 즉, m[Wb]로부터의 자극에서는 $m = \Phi$[Wb]의 자속이 생기는 것으로 한다.

2 철은 자속을 흡수한다

그림 2 (a)는 실선으로 표시한 자속내에 철을 둔 상태를 나타낸 것이다.

이 철에는 자기 유도 작용에 의해 그림 (a)와 같이 N극과 S극이 나타난다.

이 자극에 의해 점선과 같은 자속이 나타난다.

이 자속의 방향은 외부에서는 원래의 자속 방향과 반대가 되므로 결과적으로 그림 2 (b)와 같이 된다.

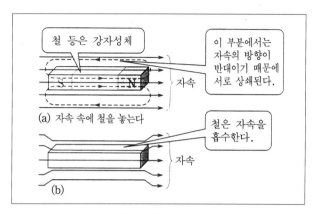

그림 2 철 안의 자속

마치 철이 자속을 흡수하고 있는 것과 같이 보인다. 이 현상은 철이 공기보다 자속을 쉽게 통과시키기 때문이고 동일한 자계내에서도 공기중보다 철이 자속 밀도가 커진다. 이와 같이 자속 통과(투과)의 수월성이 투자율이다.

3 자속 밀도

그림 3에서 반경 r[m]인 구면을 생각하고 그 중심에 자극 m[Wb]을 놓는다.

이 자극에서 나오는 자속 Φ[Wb]는 $\Phi = m$[Wb]이고 구면의 면적 S는 $S = 4\pi r^2$[m^2]이므로 반경 r[m]의 구면을 통과하는 자속 밀도 B는 다음 식과 같이 된다.

$$B = \frac{\Phi}{S} = \frac{\Phi}{4\pi r^2} \ [\text{Wb/m}^2]$$

자속 밀도의 단위는 [Wb/m^2]이고 SI 단위는 [T](테슬러)가 사용된다.

단위 [T]는 미국 공학자 테슬러의 이름을 딴 것이다.

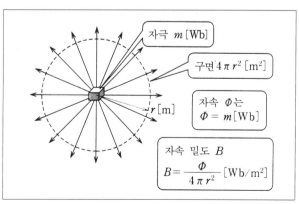

그림 3 m[Wb]의 자극으로부터는 m[Wb]의 자속이 나온다

4 투자율과 비투자율

진공 투자율을 μ_0라 하고 이것을 기준으로 어느 물질의 투자율 μ가 몇 배가 되는가를 나타내는 값을 **비투자율**이라 하며 μ_s로 나타낸다. 즉,

$$\mu_s = \frac{\mu}{\mu_0} \quad \text{따라서} \quad \mu = \mu_0 \mu_s \text{가 된다.}$$

공기 투자율은 진공 투자율과 거의 같으므로 공기의 비투자율은 1이다. 규소강 비투자율은 1,000 정도, 퍼멀로이 투자율은 10,000 정도이다.

또한 규소강이란 탄소 함유량이 적은 철에 규소를 1~4.5% 첨가하여 가열 처리한 것이고 퍼멀로이는 철에 니켈을 30~90% 첨가하여 가열 처리한 것이다.

5 자속 밀도와 자계의 세기

자계란 자력선이 있는 영역이라는 것은 이미 배운 바 있다.

이 자계의 세기 H는 자속 밀도와 관계되고 진공내의 자속 밀도 B와 자계의 세기와의 관계는 다음 식으로 표시된다.

진공내의 자속 밀도=진공 투자율×자계 세기

$$B = \mu_0 H \quad \text{또는} \quad B = 4\pi \times 10^{-7} \times H[\text{T}]$$

여기서 $4\pi \times 10^{-7}$은 진공 투자율이다.

일반적으로 투자율 μ인 물질의 경우 다음 식과 같이 된다.

$$B = \mu H[\text{T}]$$

이미 배운 바와 같이 $\mu = \mu_0 \mu_s$이므로 위의 식은 $B = \mu_0 \mu_s H[\text{T}]$로 표시할 수 있다.

Let's review

1. 다음 문장의 ( ) 안에 적절한 용어를 넣어라.
   (1) 자속 통과의 수월성을 나타내는 값을 (①)이라고 한다.
   (2) 어느 물질의 투자율과 진공 투자율의 비를 (②)이라고 한다.
   (3) 어느 물질의 자속 밀도 B는, 그 물질의 투자율을 μ, 자계의 세기를 H라고 하면 B는 다음과 같이 표시할 수 있다. $B = (③)$.

2. 철편을 통과하는 자속이 5×10^{-5} Wb이고 이 자속이 면적 $5\,\text{cm}^2$을 관통하고 있다면 자속 밀도는 얼마가 되는가?

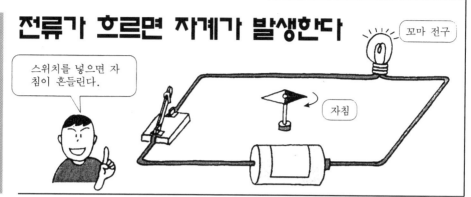

1 전류가 흐르면 자침이 흔들린다

그림 1과 같이 판지, 자침, 도선, 램프, 전지를 접속하면 램프가 점등하고 판지 위의 지침이 흔들려 그림과 같은 위치에서 정지한다.

이것에 의해 전류가 흐르고 있는 도선 주위에는 자계가 발생하고 있는 것을 알 수 있다.

자석에 의해 자계가 발생하는 것은 이미 배웠지만 오랜 연구 결과 전류에 의한 자계와 자석에 의한 자계는 같은 성질의 것임을 알았다.

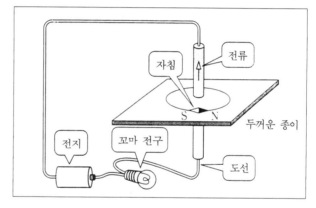

그림 1 전류와 자침의 방향

또, 전류 방향과 자계 방향간에는 일정한 관계가 있는 것이 명확해졌다.

2 암페어의 오른 나사의 법칙

그림 2 (a)는 전류의 방향과 자계의 방향의 관계를 나타낸 것이다. 그림과 같이 자계의 방향은 전류의 방향과 일정한 관계가 있다.

그림 2 (b)에 전류의 방향에 대해 자계가 생기는 방향을 간단히 구할 수 있는 방법을 나타내고 있다. 그림과 같이 나사를 돌리면 나사는 앞으로 전행하는데, 나사가 진행하는 방향을 전류의 방향으로 하면 나사를 돌리는 방향이 자계 방향과 일치한다.

이것은 암페어가 발견한 것으로, **암페어의 오른 나사의 법칙**이다.

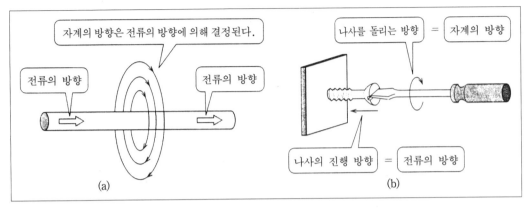

그림 2 암페어의 오른 나사의 법칙

3 ⊙와 ⊗ 기호에 대해서

그림 3은 지면에 수직 방향을 어떻게 표시하는가를 나타내고 있다.

⊙의 기호는 도트라고 하며 지면 이면에서 표면으로의 방향을 나타낸다. ⊗ 기호는 크로스라고 부르며 지면 표면에서 이면으로의 방향을 나타낸다. 기호 ⊙와 ⊗는 그

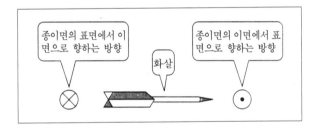

그림 3 지면에 수직 방향을 표현하는 법

림과 같이 화살을 앞에서 본 경우와 뒤에서 본 경우로 생각하면 된다.

4 오른손 엄지의 법칙

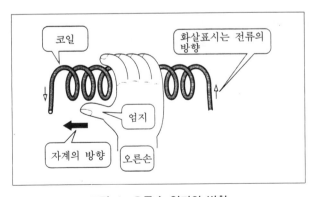

그림 4 오른손 엄지의 법칙

그림 4와 같은 코일에 전류가 흐르고 있는 경우, 자계 방향을 알려면 어떻게 하면 되는가? 이 경우는 그림과 같이 4개의 손가락으로 전류가 흐르는 방향으로 코일을 잡으면 엄지 방향이 자계 방향이 된다.

이와 같은 관계를 **오른손 엄지의 법칙**이라고 한다.

자계 방향을 알려면 코일 하나하나에 흐르는 전류에 의한 자계를 오른 나사의 법칙으로 구하고 이것을 합성하면 되지만 실용적으로는 오른손 엄지의 법칙이 많이 사용된다.

5 전자석을 만든다

그림 5와 같이 도선을 원통상에 감은 솔레노이드에 전류를 흘리면 자계가 발생하여 양끝에 N극과 S극이 나타난다. 이것은 막대자석 상태와 같으며 전류를 흘림으로써 만들어진 자석을 **전자석**이라고 한다. 일반적으로 사용되는 전자석은 솔레노이드 안에 철심을 넣은 것이 사용된다.

전자석이 보통 자석과 다른 점은 전류를 흘렸을 때만 자석이 되고 전류의 크기를 바꾸면 자계의 세기를 바꿀 수 있다.

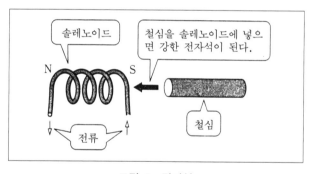

그림 5 전자석

Let's review

1. 다음 문장의 (   ) 안에 적절한 용어를 넣어라.

   (1) 나사가 진행하는 방향을 전류의 방향으로 하면 나사를 돌리는 방향이 (①) 방향이 된다. 이 관계를 (②)의 법칙이라고 한다.

   (2) ⊙ 기호는 지면 (③)면에서 (④)면을 향하는 방향을 나타내고 ⊗ 기호는 지면의 (⑤)면에서 (⑥)면을 향하는 방향을 나타낸다.

5 자기 회로와 전기 회로의 관계

1 기자력의 세기를 실험으로 조사

전류가 흐르는 통로를 전기 회로라고 하는 데 대해 자속이 통과하는 통로를 **자기 회로**라고 한다.

또한 전기 회로로 전류를 흐르게 하는 원동력을 기전력이라고 하는 데 대해 자기 회로로 자속을 발생시키는 원동력을 **기자력**이라고 한다.

그림 1은 기자력의 세기를 알아보는 실험 회로이다.

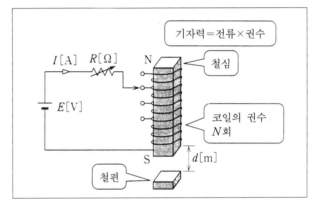

그림 1 기자력의 실험

여기서 그림과 같이 오른손 엄지의 법칙에 따라 철심에는 N극과 S극이 나타난다. 즉, 전자석으로 되어 철편을 끌어당기려 한다.

① 가변 저항기 R을 바꾸어 전류 I를 증감시키면서 철편이 흡인되기 시작하는 거리 d와 전류 I의 관계를 알아본다. d가 크다는 것은 전자석의 세기가 크다(기자력이 크다)는 것이며, d를 크게 하려면 I를 크게 하면 된다. 따라서 기자력은 I에 비례하게 된다.

기자력 $\propto$ 전류

② 다음에 코일의 권수 N과 기자력의 관계를 알아보기 위해 코일에 중간 탭을 설치하고 ①과 동일한 실험을 한다. 실험 결과 기자력이 N에 비례하는 것을 알 수 있다.

기자력 $\propto$ 코일의 권수

이상의 실험 결과 기자력 F는 다음 식으로 나타낼 수 있다. 단위는 암페어[A]이다.

$$F = IN \, [\text{A}]$$

2 　자기 저항이란

자기 회로에 있어서 자속이 통과하는 것을 방해하는 성질을 **자기 저항**이라고 한다. **릴럭턴스**(Reluctance)라고도 한다.

자기 저항 R_m은 **그림 2**와 같이 자기 회로의 단면적을 $A[\text{m}^2]$, 자로의 길이를 $l[\text{m}]$라 하고 투자율을 μ라 하면 다음 식으로 나타낼 수 있다.

$$R_m = \frac{l}{\mu A} \, [\text{H}^{-1}]$$

여기서 단위의 매 헨리는 μ 단위가 헨리 매 미터[H/m]인 것에서 구할 수 있다.

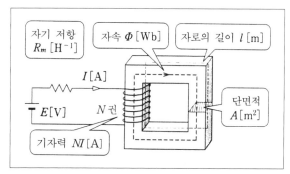

그림 2. 자기 저항(릴럭턴스)

3 　자기 회로에서의 옴의 법칙

그림 3 (a)의 자기 회로에서 자기 회로를 통과하는 자속 $\varPhi[\text{Wb}]$는 다음 식으로 나타낼 수 있다.

$$자속 = \frac{기전력}{자기 \ 저항}$$

$$\varPhi = \frac{F}{R_m} = \frac{IN}{R_m} \, [\text{Wb}]$$

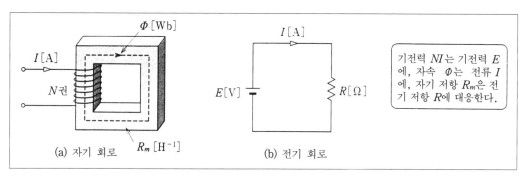

그림 3　자기 회로와 전기 회로의 대응 관계

이 관계를 **자기 회로의 옴의 법칙**이라 한다.

그런데 이 자기 회로는 그림 3 (b)의 전기 회로와 잘 대응하고 있다.

즉, 기자력 → 기전력, 자속 → 전류, 자기 저항 → 전기 저항이라는 대응 관계가 있다.

4 자기 저항과 전기 저항

자기 저항 R_m과 전기 저항 R를 나타내는 식은 **그림 4**와 같이 유사하다.

$$R_m = \frac{l}{\mu A} \ [\text{H}^{-1}], \quad R = \frac{l}{\sigma A} \ [\Omega]$$

여기서 μ는 투자율, σ는 도전율이다.

이와 같이 자기 회로는 전기 회로에서 유추하면 이해하기 쉽다.

자기 저항 $R_m[\text{H}^{-1}]$에 자속 $\Phi[\text{Wb}]$가 통과하면 $R_m\Phi[\text{A}]([\text{Wb}\cdot\text{H}^{-1}]=[\text{A}])$의 자위 차(磁位差)가 나타난다. 이것은 전기 회로에서의 전압 강하와 같으며 자위 강하라 한다.

전기 회로의 키르히호프의 제2법칙과 마찬가지로 「자기 회로를 일주했을 때 가해진 기자력의 총합은 자위 강하의 총합과 같다」고 할 수 있다.

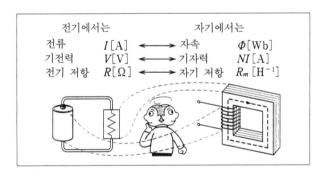

그림 4 전기 회로와 자기 회로

Let's review

1. 어느 자기 회로에서 조건이 다음과 같을 때 각각의 값을 구하라.

   (1) 전류가 5A, 코일의 권수가 100회일 때의 기자력.

   (2) 투자율이 $2\times10^{-4}\,\text{H/m}$, 단면적이 $5\,\text{cm}^2$, 자로의 길이가 $50\,\text{cm}$일 때의 자기 저항.

   (3) (1), (2)에서 구한 값에서 이 자기 회로에 발생한 자속.

2. 자기 저항과 전기 저항을 나타내는 식은 비슷하다. 자기 저항의 투자율에 대응하는 것은 전기 회로의 (   )이다.

6 자화 곡선과 히스테리시스 곡선

히스테리시스란 이력을 뜻하는 것으로 어떠한 길을 걸어 왔는가에 따라 현재가 결정된다.

지금까지의 이력이 있어 현재가 있다.

이력서

1 자화 곡선에 대해서

그림 1 (a)는 자계의 세기와 자속 밀도의 관계를 구하기 위한 실험 회로이다. 그림과 같이 환상 철심에 코일을 N회 감고 가변 저항기로 전류를 변화할 수 있게 되어 있다.

이 자기 회로의 자로 길이를 l[m], 코일의 권수를 N회로 하고 전류 I[A]를 흘려 보내면 이 때 자계의 세기 H[A/m]는 $H=NI/l$이 된다.

또한 철심의 단면적을 A[m²], 발생한 자속을 ϕ[Wb]라고 하면 자속 밀도 B[T]는 $B=\phi/A$가 된다. 투자율을 μ라고 하면 이미 배운 바와 같이 $B=\mu H$의 관계가 있다. 이 μ는 일정한 값이 아니고 자계의 세기와 자속 밀도의 크기에 따라 변화한다. 여기서 I[A]를 0부터 점차 증가한다. 즉, $H=NI/l$이므로 I를 증가시켜 H를 증가하는 것이다.

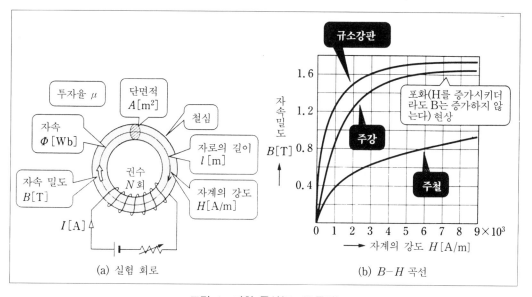

(a) 실험 회로

(b) $B-H$ 곡선

그림 1 자화 곡선($B-H$ 곡선)

그 H 에 대해서 B가 어떻게 변화하는가를 그림 1 (b)에 나타냈다. 이 곡선을 **자화 곡선 또는 $B-H$ 곡선($B-H$ 커브)**이라 한다.

그림과 같이 규소 강판, 주강, 주철 등 철심으로 사용하는 재질에 따라 $B-H$ 곡선의 형태가 다르다. 그러나 동일한 경향을 보이는데 H 를 증가시켜 나가면 B 의 증가 비율이 점차 작아지다가 H 가 어느 값을 초과하면 B 는 더 이상 증가하지 않는다. 이 현상을 **자기 포화**(磁氣飽和)라고 한다.

왜 포화되어 버리는가에 대해서 생각해 보자. 75페이지에서 분자 자석에 대해서 기술하였다. 처음에는 분자 자석의 방향이 각각이지만 H 가 증가하면 분자 자석의 방향이 점차 일정하게 되고 H 가 어느 값이 되면 분자 자석의 방향이 완전히 정리되어 일정해진다. 그 때문에 더 이상 H 가 증가하여도 자속은 증가하지 않는다. 즉, B 는 증가하지 않는다는 것이다.

2 히스테리시스 곡선

그림 2에 나타냈듯이 자계의 세기 H 를 점 o로부터 점차 증가시키면 자속 밀도 B 는 점 o로부터 점 a까지 변화하여 자화 곡선이 얻어진다.

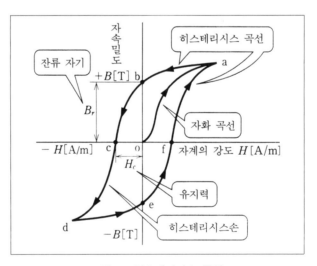

그림 2 히스테리시스 특성

여기서 자계의 세기 H 를 감소시켜 나가면 앞에서 설명한 자화 곡선 a-o로 되돌아가지 않고 곡선 a-b가 되어 자계의 세기 H 가 0이 되어도 자속 밀도는 0이 아니라 B_r 가 된다. 이 B_r 를 **잔류 자기**라고 한다.

다음에 역방향으로 자계의 세기를 증가시켜 나가면 점 c에서 자속 밀도가 0이 된다.

이때의 자계의 세기는 H_c이다. 이 H_c를 **유지력**이라고 한다.

다시 또 자계의 세기 H를 마이너스 방향으로 크게 해 나가면 곡선 c−d가 얻어진다. 점 d에서 다시 H를 변화시키면 곡선 e−f−a가 얻어진다. 이와 같은 현상을 **히스테리시스 특성**이라 한다. 또한 곡선 a−b−c−d−e−f−a를 **히스테리시스 곡선** 또는 **히스테리시스 루프**라고 한다.

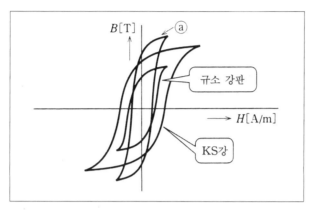

그림 3 여러 가지 히스테리시스 곡선

히스테리시스 곡선은 철심의 재료에 따라 모양이 달라진다. **그림 3**은 규소 강판과 KS강(텅스텐·크롬·코발트의 합금)의 히스테리시스 곡선이다.

히스테리시스 곡선을 한 번 돌면 이 곡선 안의 면적에 비례하는 전기 에너지가 소비되어 열로 된다. 이 에너지를 **히스테리시스손**(損)이라고 한다.

발전기나 변압기 등의 교류 기기에는 히스테리시스손을 작게 하기 위해 유지력이 작은(면적이 작은) 규소 강판 등이 사용된다. 영구 자석에는 유지력이 큰 KS강 등이 사용된다. 또한 그림 3의 ⓐ와 같은 히스테리시스 곡선을 나타내는 재료도 있다.

히스테리시스(hysteresis)란 이력 현상이라는 의미이다.

Let's review

1. 다음 문장 (   ) 안에 적절한 어구를 넣어라.

(1) 자속 밀도 B, 자계의 세기 H, 투자율 μ 간에는 $B=\mu H$의 관계가 있는데, μ는 일정한 값이 아니기 때문에 H를 0부터 점차 증가시키면 B는 (①)한다. H와 B의 관계를 나타내는 곡선을 (②) 또는 (③)이라고 한다.

(2) 히스테리시스 특성에서 자화 곡선을 그린 후 자계의 세기를 감소해 나가 0으로 되었을 때의 자속 밀도를 (④)라고 하고 자계의 세기를 역방향으로 변화시켜 자속 밀도가 0이 되었을 때의 자계의 세기를 (⑤)이라고 한다.

1 지구는 자석이다

그림 1은 지구 내부를 나타내고 있다. 지구 중심으로부터 반경 약 3,500 km인 구체는 지구의 핵이라고 불리며, 철과 니켈 등의 금속이 질퍽질퍽하게 녹은 상태로 회전하고 있는 것으로 알려져 있다.

녹은 금속이 회전한다는 것은 전자가 회전하는 것이고 전자가 이동하는 방향과 반대 방향이 전류의 흐름이다.

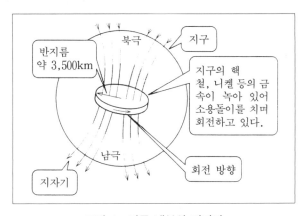

그림 1 지구 내부와 지자기

이 전류에 의해 그림과 같이 화살표 방향으로 자속이 발생하고 지구 전체는 자기를 갖게 된다. 이 지구가 갖는 자기를 **지자기**(地磁氣)라고 한다.

2 자침의 복각

지구상에서는 자침은 거의 남북을 지시한다. 그러나 북극이나 남극에서는 자침이 수직이 된다. 이것은 지구가 큰 자석이고 지자기가 발생하고 있기 때문이다. 지구를 자석으로 보면 지구의 남극 가까이에 N극이 있고 북극 가까이에 S극이 있게 된다. 그 때문에 N극에서 자속이 나와 S극으로 들어가게 되고 자침의 N극은 지구의 S극(북극)을 향한다. 남극과 북극에서는 자속이 거의 수직인 상태로 출입하고 있으며 그 때문에 남극과 북극에 놓여진 자침은 수직이 된다.

● **스타인메츠와 에디슨**

스타인메츠는 사진과 같이 발명왕 에디슨과 동일 시대의 사람으로, 에디슨이 직류 송전을 주장한 데 반해 스타인메츠는 교류 송전을 지지했다고 하는 일화가 있다.

왼쪽은 에디슨(1847년~1931년)

오른쪽은 스타인메츠(1865년~1923년)

지자기가 지구상의 어떤 지점의 수평선과 이루는 각을 **복각**(伏角)이라 한다. 따라서 적도 가까이에서는 자침의 복각이 0°이지만 남극과 북극에서는 복각이 90°가 된다. 도쿄에서는 자침의 N극이 49° 아래를 향하므로 N극을 가볍게 하여 거의 수평이 되도록 하고 있다.

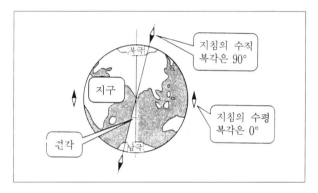

그림 2

남극, 북극과 같은 지리학상의 극과 지자기의 극은 약간 어긋나 있다. 지구상의 어느 지점에서 자침이 지시하는 북과 지리학상의 북과의 차를 **편각**이라 한다.

3 흡철 코일

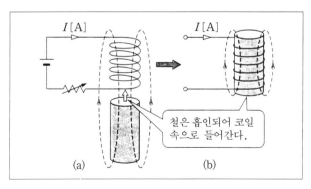

그림 3 코일이 철을 흡인한다

코일에 전류를 흘리면 **그림 3** (a)와 같이 자속이 발생하여 코일 아래쪽 철심 중간을 통과한다.

자속은 마치 당겨진 고무끈과 같이 줄어들려는 성질이 있어 자속이 줄어들려고 한다. 이 줄어들려고 하는 힘이 철심의 무게보다 강해지면 그림 3 (b)와 같이 자속이 최대한으로 짧게 줄어들어 결과적으로 철심이 코일에 흡인된다.

이 원리를 이용하여 과부하 계전기를 만들며 공장이나 변전소 등에서 사용되고 있다.

4   스타인메츠 상수

히스테리시스손은 발전기나 변압기 등과 같은 전기기기에서는 열 에너지로 되어 전기 기기의 온도를 상승시킨다.

따라서 전기 기기를 제조하는 경우 히스테리시스손이 적은 재료를 선택해야 한다. 스타인메츠는 실험을 반복하여 다음 사항을 발표하였다.

B_m [T] : 철심을 통과하는 최대 자속

f [Hz] : 1초당 히스테리시스 루프의 반복 횟수로 하면 철심의 체적 $1\,\text{m}^3$당 히스테리시스손 P_h 는

$$P_h = \eta f B_m^{1.6} [\text{W/m}^3]$$

이다. 여기서 η 는 자성 재료의 종류에 따라 정해지는 상수이고 η 를 **히스테리시스 계수**라고 한다. 또, 지수 1.6을 **스타인메츠 상수**라고 한다.

Let's review

1. 다음 문장의 (   ) 내에 용어를 넣고 올바른 문장을 만들어라.
   (1) 지구가 가진 자기를 (①)라고 한다.
   (2) 지구는 큰 (②)이고 지표면 어느 지점에서 자침의 N극은 (③)극을 향한다.
   (3) 지자기가 어느 지점의 수평선과 이루는 각을 (④)이라고 한다.
   (4) 흡철 코일의 원리는 당겨진 고무끈이 줄어들려는 자력선과 동일한 성질을 갖는 (⑤)에 의한 것이다.
2. 히스테리시스손 $P_h = \eta f B_m^{1.6} [\text{W/m}^3]$ 에 대해서 다음 물음에 답하라.
   이 식의 η 와 지수 1.6을 무엇이라 하는가?

제4장의 요약

● **자기 분자설** : 분자 자석에 대해서는 앞에서 설명한 바 있다. 분자 자석은 웨버가 고안해 낸 자기 분자설에서 탄생된 개념이다.

일반적으로 물질은 분자가 모여 만들어진다. 철, 강, 니켈 등의 분자는 N극과 S극을 가진 작은 자석이라 보고 있다. 자화되지 않은 이들 분자는 흩어져 있는 상태로 있기 때문에 물질 내부에서 N극, S극이 서로 상쇄되어 전체적으로는 외부에 자석을 나타내는 일이 없다.

웨버

그러나 자석 가까이에 철편을 가져 가면 분자 자석은 상호 흡인 또는 반발하여 N극과 S극이 배열된다. 즉, 분자 자석의 N극이 동일한 방향을 향한다. 이 상태에서는 내부에서 N극과 S극이 서로 상쇄되지만 철편 양단에서는 N극과 S극이 나타난다. 따라서 철편은 외부에 자성을 나타낸다. 이와 같은 사고 방식을 **자기 분자설**이라고 한다.

연철은 자화되기 쉽고 강은 자화되기 어렵다. 연철은 분자 자석간의 마찰 저항이 작기 때문에 자석을 가까이 하면 곧 분자 자석이 배열되지만 자석을 멀리 하면 분자 자석이 흩어져 자기가 없어져 버린다. 한편 강은 분자 자석간의 저항이 크기 때문에 자석을 가까이 해도 분자 자석은 잘 배열되지 않는다. 그러나 일단 배열되면 강한 자기가 남기 때문에 영구 자석을 만드는 데 적합하다.

웨버(1804~1891년)는 독일의 물리학자이다. 자기 분자설 외에 두 전류간에 작용하는 상호 작용 등 전자기 연구에 공적을 남겼다. 자속의 단위 웨버[Wb]는 그의 이름을 딴 것이다.

*Let's review*의 해답

▶ ⟨76면⟩
1. 자성
2. ①, ② N극, S극 　③ 강자성체
　④ 북극　⑤ S　⑥ 자기 유도
　⑦ 분자 자석

▶ ⟨79면⟩
1. ① N　② S　③ 접선
　④, ⑤ 흡인력, 반발력
　⑥ 흡인력　⑦ 반발력
2. 2.53[N], 반발력

▶ ⟨82면⟩
1. ① 투자율
　② 비투자율
　③ μH
2. 0.1[T]

▶ ⟨85면⟩
1. ① 자계　② 암페어의 오른 나사
　③ 뒤　④ 앞　⑤ 앞　⑥ 뒤

▶ ⟨88면⟩
1. (1) 500A　(2) $5 \times 10^6 \, H^{-1}$
　(3) $10^{-4} \, Wb$
2. 도전율

▶ ⟨91면⟩
1. ① 포화　②, ③ 자화 곡선, $B\text{-}H$ 곡선
　④ 잔류 자기　⑤ 유지력

▶ ⟨94면⟩
1. ① 지자기　② 자석　③ 북
　④ 복각　⑤ 자속
2. η : 히스테리시스 계수
　1.6 : 스타인메츠 상수

제 5 장

모터와 발전기의 원리를 알아본다

모터와 발전기의 원리에 대해서는 플레밍의 왼손 법칙 및 플레밍의 오른손 법칙을 외어 두어야 한다.

존 앰브로즈 플레밍(1849~1945년)은 영국의 물리 학자이며 전기 공학자이다. 랑카스타의 가난한 집에서 태어나 고생하면서 학자금을 벌어 런던 유니버시티 카레이지에서 공부했다.

1884년 이 대학 전기공학 교수가 되었으며 그로부터 41년간 재직하였다. 대학에서 학생들에게 모터나 발전기 원리를 이해시키기 위해 왼손 법칙(모터)과 오른손 법칙(발전기)을 고안해 냈다.

플레밍은 많은 회사의 고문으로 있으면서 백열 전구의 광학 측정에 관한 연구, 고주파 전류에 관한 연구, 열 이온관에 관한 연구, 무선 기술에 관한 연구를 하였고 많은 저술을 남겼다.

이 장에서는 우선 자계속에 놓여진 도체에 전류를 흘려 보내면 전자력이라는 힘이 도체에 작용한다. 이것을 자석에 의한 자계의 방향과 전류에 의한 자계의 방향으로 설명하고 그 힘의 방향을 플레밍의 왼손 법칙으로 구하는 방법에 대해서 기술한다.

또한 이 현상이 전류계, 전압계, 모터에 어떻게 이용되고 있는지를 설명한다. 다음에 자계내에서 도체를 움직이면 기전력이 생기는데 그 기전력의 방향을 플레밍의 오른손 법칙으로 구하는 방법과 발전기의 원리, 코일이 가지는 인덕턴스, 변압기의 원리에 대해서 배운다.

1 전자력의 방향

자계속에 도체를 놓고 도체에 전류를 흘리면 도체에는 힘이 작용한다. 이 힘을 **전자력**(電磁力)이라 한다. 전자력의 방향은 자계의 방향과 전류의 방향에 따라 정해진다.

그림 1 (a)는 영구 자석의 N극과 S극간에 도체를 매달아 도체에 전류를 흘리고 있는 그림이다.

자속은 N극에서 S극 방향으로 향하고 도체를 흐르는 전류는 전방에서 후방으로 향하고 있다. 이와 같은 상태의 경우 도체는 우측 방향으로 움직인다. 왜 우측 방향으로 움직이는 것일까?

그림 1 (b)는 자석에 의한 자속과 전류에 의한 자속을 합성한 것을 나타내고 있다. 도체 좌측은 자속 밀도가 크고 조밀하고 도체 우측은 자속 밀도가 작고 성글다.

앞에서 배운 것과 같이 자속은 인장된 고무줄이 수축하려는 성질이 있기 때문에 도체를 우측 방향으로 움직이려고 하는 힘, 즉 전자력이 생기는 것이다. 그러면

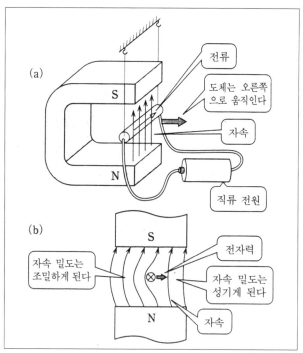

그림 1 자속, 전류의 방향과 전자력의 방향

그림 1 (b)에서 자속 밀도가 어떻게 분포하는가에 대해 상세히 알아보기로 하자.

그림 2 (a)는 N극에서 S극으로의 자속 방향을 나타내고 그림 2 (b)는 전류에 의한 자속이 암페어의 오른 나사의 법칙에 의해 생기는 방향을 나타내고 있다.

그림 2 (c)는 그림 2 (a)와 그림 2 (b)의 자속을 합성한 상태이다.

도체 위쪽은 자석에 의한 자속의 방향과 전류에 의한 자속의 방향이 동일하기 때문에 자속 밀도가 조밀해지고 도체 아래쪽은 자속 방향이 반대가 되기 때문에 자속 밀도가 성글게 된다.

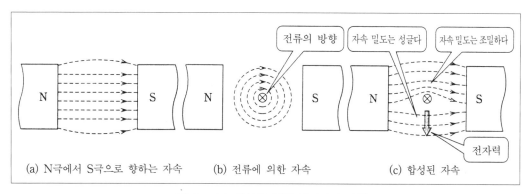

(a) N극에서 S극으로 향하는 자속 　 (b) 전류에 의한 자속 　 (c) 합성된 자속

그림 2 자속 합성에 의한 전자력의 방향

2 　플레밍의 왼손 법칙

플레밍의 왼손 법칙은 **그림 3**과 같이 왼손의 엄지, 인지, 중지를 각각 직각으로 구부려 인지를 자계의 방향, 중지를 전류의 방향으로 하면 엄지가 전자력의 방향이라는 법칙이다.

이 3개의 손가락이 무엇을 나타내는가를 잊지 않기 위해 다음과 같이 기억한다.

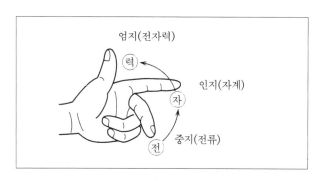

그림 3 플레밍의 왼손 법칙

① 그림에 나타냈듯이 중지는 전류의 (전), 인지는 자계의 (자), 그때 엄지를 전자력의 (력)으로 하여 (전) → (자) → (력)으로 암기한다.

② 중지 : 가운데 손가락 → 전류의 흐름

　　인지 : 가리키는 손가락 → 자계

　　엄지 : 커서 힘이 강한 손가락 → 력

3 전자력의 크기

그림 4와 같이 N극과 S극간에 직선 도체를 놓고 전류를 흘린다. 도체는 자계에 대해서 수직이 되도록 한다.

자계내의 도체 길이를 l[m], 도체에 흐르는 전류를 I[A], 자속 밀도를 B[T]라 하면 도체에 작용하는 전자력 F[N](뉴튼)는 다음 식으로 구해진다.

$$F = BIl \text{ [N]}$$ (1N은 약 0.1 kg에 상당)

도체가 자계와 θ의 각도로 놓여져 있을 때는 전자력의 크기는 다음과 같이 된다.

$$F = BIl \sin \theta \text{ [N]}$$

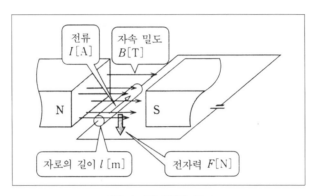

그림 4 전자력의 크기

Let's review

1. 자계속에 놓여진 도체에 전류를 흘렸을 때 도체에 작용하는 힘을 무엇이라 하는가?

2. 플레밍의 왼손법칙에 대해서 다음 (   ) 안에 손가락 명칭에 대응하는 용어를 기입하라.

   중지 → (①)   인지 → (②)   엄지 → (③)

3. 자속 밀도 2[T]의 자계속에 길이 25 cm의 직선 도체를 자계에 수직으로 놓고 도체에 10A의 전류를 흘렸다. 도체에 작용하는 전자력을 뉴튼 단위로 구하라. 또, 킬로그램 단위로 하면 약 몇 [kg]의 힘에 상당하는가?

전류계, 전압계의 원리를 알아본다

연결 방법에 신경을 쓰도록

전압계

전류계

1 가동 코일형 계기

가동 코일형 계기의 구조를 **그림 1** (a)에 나타낸다. 그림 1 (b)는 위에서 본 것이다.

그림 1 (a)에 있어서 원통 형상 철심에 감겨진 코일이 자석 N극과 S극간에 놓여지고 **토트밴드**(taut band)라 하는 판 스프링으로 지지되어 있다.

그림 1 (b)에 있어서 자석에 의해 발생한 자속 밀도를 B[T], 가동 코일에 흐르는 전류를 I[A]라 한다. 이 경우 코일에는 전자력이 발생하고 원통형 철심이 회전하는데, 그때 생기는 회전력을 **구동 토크**라 한다. 이 구동 토크 T_d는 자속 밀도 B[T]와 전류 I[A]의 곱에 비례하므로 다음 식으로 나타낼 수 있다.

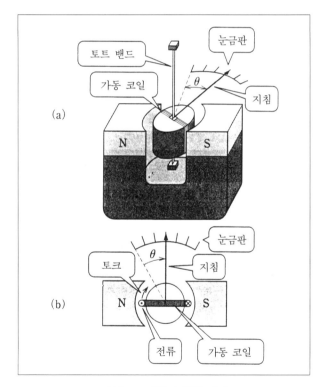

그림 1 가동 코일형 계기

$$T_d \propto BI \ \ \text{즉,} \ \ T_d = k_1 I \tag{1}$$

다만 k_1은 비례 상수이며, 코일의 형상이나 자속 밀도에 의해 정해지는 상수이다. **그림 2**는 토트 밴드의 움직임을 나타내고 있다.

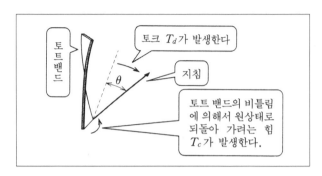

그림 2 토트밴드의 작용

그림과 같이 토트밴드가 비틀리면 이 비틀림을 복귀시키려는 힘이 생긴다. 이 힘을 **제어 토크**라 한다. 이 제어 토크 T_c는 지침의 지시각 θ에 비례하므로 비례 상수를 k_2라 하면

$$T_c = k_2\theta \qquad\qquad (2)$$

가 된다. 지침은 구동 토크＝제어 토크가 된 곳에서 정지한다. 즉

$$k_1 I = k_2\theta \quad \text{즉, } \theta = \frac{k_1}{k_2}I$$

가 된다. 이와 같이 지침의 지시 θ에서 전류 I를 알 수 있다. 이 원리로 직류 전류계와 직류 전압계를 만들 수 있다.

2 직류 전류계와 직류 전압계의 접속 방법

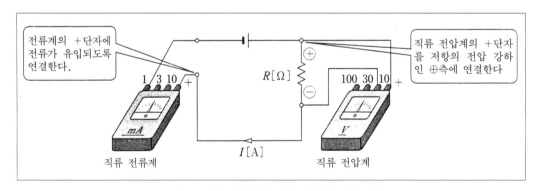

그림 3 직류 전류계와 직류 전압계 접속 방법

그림 3은 직류 전류계와 직류 전압계의 접속 방법을 나타낸 것이다. 그림과 같이 저항 $R[\Omega]$ 양 끝의 전압을 측정하는 경우에는 직류 전압계의 ＋단자를 저항의 전압 강하 ⊕측에 연결하고 전압계를 저항에 병렬로 접속한다.

또, 회로에 흐르는 전류를 측정하는 경우에는 전류계 +단자에 전류가 유입하도록 연결한다. 바꾸어 말하면 전류계를 회로에 직렬로 접속한다.

3 가동 철편형 계기

그림 4에 가동 철편형 계기의 원리 구조를 나타낸다. 그림과 같이 코일내에 가동 철편과 고정 철편이 들어 있다. 회로에 전류가 흐르면 이 전류가 코일에 흘러 오른 나사의 법칙에 따른 자속이 발생한다. 이 자속이 가동 철편과 고정 철편을 자화하여 그림과 같이 N극과 S극이 생긴다. 따라서 양 철편은 반발하고 가동 철편에 **구동 토크**가 생겨 지침을 회전시킨다.

한편 나선 스프링이 지침의 회전을 복귀시키려고 하며 **제어 토크**가 생긴다. 구동 토크와 제어 토크가 평형을 이루는 위치에서 지침이 정지한다.

이와 같은 원리로 전류 방향에 관계없이 구동 토크가 발생하므로 교류의 전류와 전압을 측정하는 계기로서 사용된다.

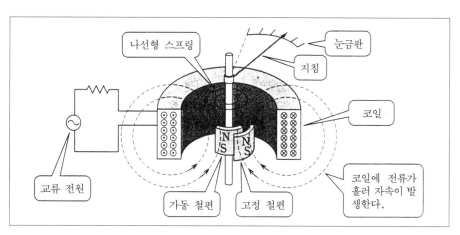

그림 4 가동 철편형 계기

Let's review

1. 가동 코일형 계기에 대하여 다음 물음에 답하라.
   구동 토크는 무엇에 비례하는가? 또 제어 토크는 무엇에 비례하는가?
2. 가동 철편형 계기에 대해서 다음 물음에 답하라.
   구동 토크는 무엇에 의해 생기는가? 또 제어 토크는 무엇에 의해 생기는가?

3 직류 전동기의 원리를 알아본다

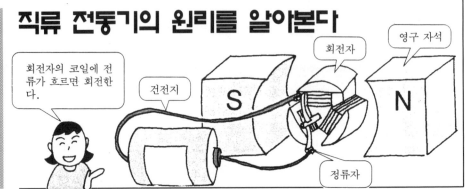

회전자의 코일에 전류가 흐르면 회전한다.

건전지

회전자

영구 자석

정류자

---

1 코일에 작용하는 토크

그림 1 (a)는 N극과 S극간에 코일을 놓고 코일에 전류 $I[A]$를 흘리고 있는 것이다. 코일의 길이는 $l[m]$, 폭은 $d[m]$이다.

코일의 변 ⓐ−ⓓ와 ⓑ−ⓒ는 자계의 방향과 평행하므로 전자력이 생기지 않지만 변 ⓐ−ⓑ와 ⓒ−ⓓ는 자계의 방향과 수직이기 때문에 전자력 $F[N]$는 그림과 같다.

그림 1 (b)는 그림 1 (a)를 정면에서 본 그림이다. 자계의 방향과 전류의 방향을 왼손의 인지와 중지에 대응시키면 엄지가 전자력의 방향이다(플레밍의 왼손법칙). 그래서 코일의 변 ⓒ−ⓓ에는 상방향의 전자력 $F[N]$가, 변 ⓐ−ⓑ에는 하방향의 **전자력** $F[N]$가 생긴다.

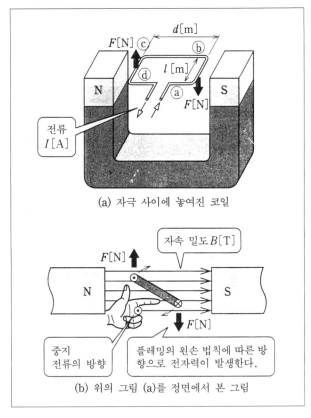

(a) 자극 사이에 놓여진 코일

자속 밀도 $B[T]$

$F[N]$

N

S

중지
전류의 방향

플레밍의 왼손 법칙에 따른 방향으로 전자력이 발생한다.

$F[N]$

(b) 위의 그림 (a)를 정면에서 본 그림

그림 1 코일에 작용하는 토크

이때 자속 밀도를 $B[T]$, 전류를 $I[A]$라 하면 코일 길이가 $l[m]$이므로 전자력 F가

$$F = BIl [N]$$

인 것은 앞에서 배웠다.

이 전자력이 변 ⓐ-ⓑ와 ⓒ-ⓓ에 역방향으로 작용하므로 코일이 회전하게 된다. 이 회전하려는 힘을 **토크**라 한다.

토크 T는 전자력 $F[\text{N}]$와 코일 변간의 거리 $d[\text{m}]$의 곱이고 토크 단위는 $[\text{N} \cdot \text{m}]$(뉴튼 미터)가 사용된다.

따라서 이 경우의 토크 T는 다음 식으로 나타낼 수 있다.

$$T = Fd = BIld \,[\text{N} \cdot \text{m}]$$

이 토크의 식은 코일의 권수가 1회인 경우이고 코일의 권수가 N회일 때는 토크가 N배가 된다.

또한 토크 T의 식에서 $ld[\text{m}^2]$는 코일의 면적이므로 $T = BIA[\text{N} \cdot \text{m}]$이라 표시할 수 있다.

지금 코일의 면적 $A = 5 \times 10^{-4}[\text{m}^2]$, 자속 밀도 $B = 0.6[\text{T}]$, 전류 $0.5[\text{A}]$라 하면 토크는

$$T = 0.6 \times 0.5 \times 5 \times 10^{-4}$$
$$= 1.5 \times 10^{-4} \,[\text{N} \cdot \text{m}]$$

가 된다.

2 직류 전동기의 원리

그림 2 (a)는 N극과 S극간에 코일을 놓고 전류를 연속적으로 흐르게 한 것이다. C_1과 C_2는 대나무를 세로로 절단한 것과 같은 구조의 금속편으로, 이것을 **정류자**라 한다.

B_1, B_2는 정류자에 항상 접촉시켜 전류를 코일에 흘리는 작용을 하는 것으로 탄소로 되어 있으며 이것을 **브러시**라 한다.

그림 2 (b)는 그림 2 (a)를 정면에서 본 그림이다. 이 상태에서는 브러시 B_1은 정류자 C_1에 접촉되고 브러시 B_2는 정류자 C_2에 접촉되어 있다. 좌측 코일 변의 전류 방향은 ⊙이고 자계의 방향은 좌측에서 우측을 향하고 있다. 따라서 코일에는 상향 전자력 $F[\text{N}]$가 작용한다.

한편 우측 코일 변의 전류 방향은 ⊗이고 자계의 방향이 바뀌지 않으므로 코일 변에는 하향 전자력 $F[\text{N}]$가 작용한다.

이상에서 이 코일에는 시계 방향의 토크가 생겨 회전하게 된다.

그림 2 (c)는 코일이 회전하여 브러시 B_1이 정류자 C_2에 접촉하고 브러시 B_2가 정류자 C_1에 접촉하고 있는 것을 나타내고 있다.

이 상태에서 좌측 코일 변의 전류 방향은 ⊙이고 우측 코일 변의 전류 방향은 ⊗이다.

즉, 그림 2 (b)와 동일 방향으로 전류가 흐르게 된다. 이것이 정류자의 작용이다. 따라서 좌측 코일 변에는 상향 전자력이 작용하고 우측 코일 변에는 하향 전자력이 작용하여 코일은 시계방향으로 회전한다.

실제로는 1회 감은 코일은 토크가 작으므로 다수의 코일을 회전자라고 하는 원통 형상 둘레에 감고 정류자의 수도 증가시켜 모터를 만들고 있다.

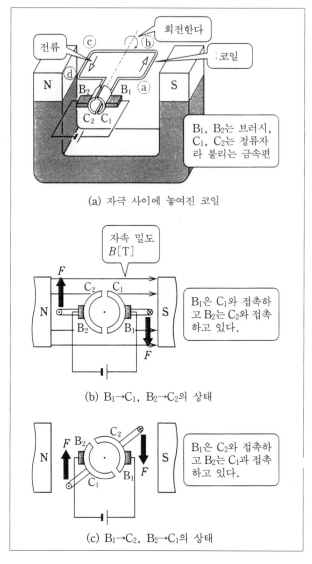

(a) 자극 사이에 놓여진 코일

(b) $B_1 \rightarrow C_1$, $B_2 \rightarrow C_2$의 상태

(c) $B_1 \rightarrow C_2$, $B_2 \rightarrow C_1$의 상태

그림 2　직류 전동기의 원리

Let's review

1. 그림 1 (a)에서 코일의 길이 10 cm, 폭 5 cm, 자속 밀도 2T, 전류 2A, 코일의 권수 100회로 하여 토크를 구하라.

2. 다음 문장의 (　) 안에 적절한 용어를 넣어라.

   (1) 직류 전동기 코일에 항상 일정한 방향으로 전류를 흘리기 위해서는 대나무를 세로로 절단한 것과 같은 구조의 (①)가 필요하고 이 재질은 (②)이다.

   (2) 정류자에 접촉시키는 브러시는 (③)로 되어 있다.

4 자계내에서 도체에 생기는 기전력

도체 A를 굴리면 검류계의 지침이 흔들린다.

도체 A

도체 B

검류계

---

1 전자 유도와 패러데이의 법칙

그림 1은 N극과 S극간에서 도체를 상하로 움직였을 때 검류계 지침이 좌우로 흔들리고 있는 것이다. **그림 2**는 코일내에 막대자석을 넣거나 뺄 때 검류계 지침이 좌우로 흔들리고 있는 것이다.

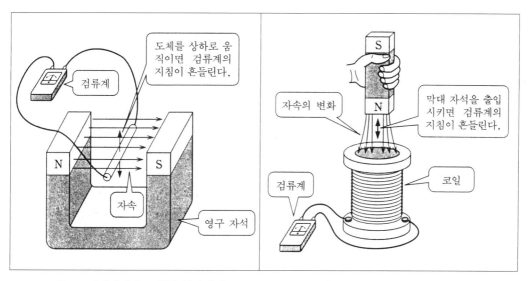

그림 1 자계내에서 도체를 움직이면   그림 2 코일내에 자석을 넣으면

패러데이는 전류가 자계를 만든다는 것에서 자기에서 전기를 만들 수 있다고 생각하고 위와 같은 실험을 하여 1831년 다음과 같이 정리하였다.

① 도체가 자속을 차단하면 기전력이 생긴다.

② 코일에 교차하는 자속수가 변화하면 기전력이 생긴다.

이 현상을 **전자 유도**라 한다. 유도된 기전력을 **유도 기전력**이라 하고 흐른 전류를 유도 전류라 한다.

그림 1과 그림 2의 실험으로 도체를 상하로 빠르게 움직이거나 막대자석을 빠르게 넣었다 빼면 검류계의 지침이 크게 흔들린다.

이것에 의해 「전자 유도에 의해 코일이나 도체에 생기는 기전력의 크기는 코일이나 도체와 교차하는 자속수가 1초간에 변화하는 비율에 비례한다」는 것이 명확해졌다. 이것을 **전자 유도에 관한 패러데이의 법칙**이라 한다.

전자 유도에 의해 생기는 기전력에 대해서는 1개의 도체가 1초간에 1Wb의 자속을 차단했을 때 1V의 기전력이 발생한다고 한다.

일반적으로 N개의 도체가 Δt초간에 $\Delta\varPhi$[Wb]의 자속을 차단했을 때 발생하는 유도 기전력의 크기 e는 다음 식으로 나타낼 수 있다.

$$e = N\frac{\Delta\varPhi}{\Delta t} \ [\text{V}]$$

(1)

2 플레밍의 오른손 법칙

그림 3과 같이 자계내에서 도체를 움직였을 때 유도 기전력이 발생하는 방향은 어떻게 되는가? 기전력의 방향을 알려면 오른 손의 엄지, 인지, 중지를 그림과 같이 각각 직각으로 굽혀 엄지를 도체의 이동 방향, 인지를 자계의 방향으로 하면 중지가 기전력의 방향이 되는 방법이 있다. 이것을 **플레밍의 오른손 법칙**이라 한다.

플레밍의 오른손 법칙과 왼손 법칙을 어떻게 적용하면 되는가에 관한 것은 초보자에게는 다소 어렵다. 그러므로 오른손은 기전력, 왼손은 전자력으로 외워 두도록 한다.

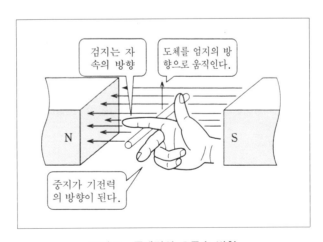

그림 3 플레밍의 오른손 법칙

3 렌츠의 법칙

유도 기전력의 크기는 식 (1)로 구할 수 있지만 유도 기전력의 방향은 어떻게 되는가?

그림 4는 러시아 물리학자 렌츠가 실시한 실험을 나타내고 있다. 자석을 코일에 근접시키면 자석에 의한 자속 Φ_1이 증가하지만 이것을 방해하는 방향의 자속 Φ_2를 발생시키는 방향으로 기전력이 발생한다(그림 4 (a)).

또한 자석을 코일에서 멀리하면 자석에 의한 자속 Φ_1이 감소하지만 그 감소를 방해하는 방향 즉, 자속 Φ_2를 발생시키는 방향으로 기전력이 발생한다(그림 4 (b)).

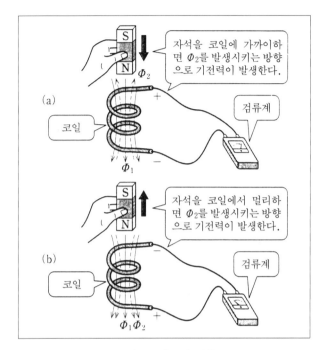

그림 4 렌츠의 법칙

이상에서 「유도 기전력은 이것에 의해 생기는 전류가 코일내의 자속변화를 방해하는 방향으로 발생한다」라고 할 수 있다.

이것을 **렌츠의 법칙**이라 한다. 따라서 식 (1)은 다음과 같이 나타낼 수 있다.

$$e = -N\frac{\Delta\Phi}{\Delta t}\ [\text{V}]$$

(2)

부호의 −는 유도 기전력의 방향을 나타내고 있다.

Let's review

1. 전자 유도에 관한 패러데이의 법칙을 설명하라.
2. 플레밍의 오른손 법칙에 의해 어떤 방향이 구해지는가?
3. 권수가 10회인 코일에 자속이 1초간 5Wb 비율로 증가하고 있을 때 코일에 유도하는 기전력의 크기를 구하라.

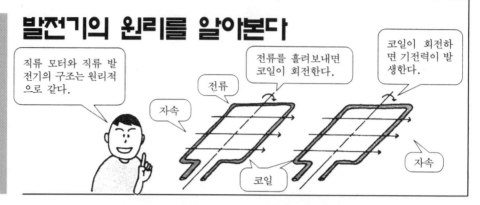

그림에 포함된 말풍선 내용:
- 직류 모터와 직류 발전기의 구조는 원리적으로 같다.
- 전류를 흘려보내면 코일이 회전한다.
- 코일이 회전하면 기전력이 발생한다.
- 자속
- 전류
- 코일
- 자속

5 발전기의 원리를 알아본다

1 직류 발전기의 원리

그림 1 (a)와 같이 자계내에 코일을 놓고 시계 방향으로 코일을 회전시킨다.

코일의 변 ⓒ-ⓓ는 상향으로 움직이므로 플레밍의 오른손 법칙을 적용하면 ⓓ에서 ⓒ를 향하는 방향으로 유도 기전력이 발생하여 부하 저항에 화살표와 같은 전류가 흐른다.

그림 1 (a)의 상태에서는 브러시 B_1은 정류자 C_1과, 브러시 B_2는 정류자 C_2와 접촉되어 있다.

코일이 회전하여 그림 1 (b) 상태가 되면 코일 변의 위치가 바뀌고 그림과 같이 변 ⓐ-ⓑ는 상향으로 움직인다.

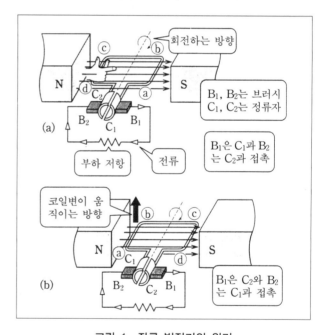

그림 1 직류 발전기의 원리

그 때문에 ⓐ에서 ⓑ를 향하는 방향으로 유도 기전력이 발생한다. 이 상태로 브러시 B_1은 정류자 C_2와 브러시 B_2는 정류자 C_1과 접촉되어 있기 때문에 부하 저항에는 그림 1 (a)와 동일 방향의 전류가 흐른다.

즉, 부하 저항에는 항상 동일 방향의 전류(직류)가 흐르게 된다. 이것이 **직류 발전기의 원리**이다.

2 직류 발전기에 의한 유도 기전력의 파형

그림 1에서 기술한 것과 같이 발생하는 유도 기전력에 의해 흐르는 전류는 직류지만 1개의 코일에는 **그림 2** (a)와 같은 파형의 유도 기전력이 발생한다. 이 파형은 사인파 교류 파형의 양에 해당하는 반파로 되어 있다.

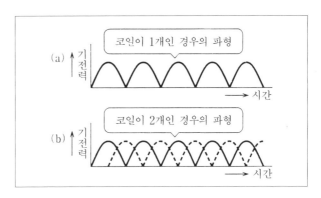

한편, 그림 2 (b)는 코일을 2개로 했을 때의 유도 기전력의 파형이다.

그림 2 유도 기전력의 파형

1개의 코일에는 실선의 양의 반파, 또 1개의 코일에는 파선의 양의 반파 유도 기전력이 발생한다. 이 2개의 파형을 합성한 파형의 유도 기전력이며 변화가 작은 파형이 된다.

3 직류 전동기를 직류 발전기로 한다

직류 전동기의 구조와 직류 발전기의 구조는 원리적으로는 동일하다.

여기서 **그림 3**과 같이 직류 전동기 M_1과 M_2의 회전축을 고무 튜브로 접속하고 직류 전동기 M_2에 램프를 접속한 다음 직류 전동기 M_1에 직류 전압을 가해 본다. 그러면 직류 전동기 M_1이 회전하고 그 회전력이 회전축을 거쳐 직류 전동기 M_2에 전달되어 램프가 점등한다.

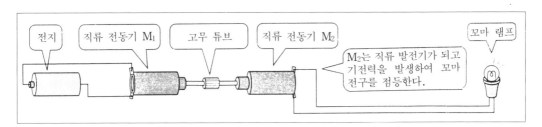

그림 3 직류 전동기를 직류 발전기로 한다

즉, 직류 전동기 M_2는 직류 발전기로서 유도 기전력을 발생시키는 것이며, 이것으로 볼 때 직류 전동기와 직류 발전기의 원리적 구조가 같다는 것을 알 수 있다.

4 교류 발전기의 원리

그림 4는 교류 발전기의 원리도이다. B₁, B₂는 브러시, S₁, S₂는 슬립링이라고 불리는 금속제의 둥근링이다.

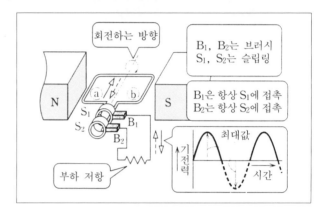

그림 4 교류 발전기의 원리

슬립링은 직류 발전기 정류자에 대응하는 것이라 볼 수 있다. 코일의 변 ⓐ 끝을 슬립링 S₁에, 변 ⓑ 끝을 슬립링 S₂에 접속하였으며, 도체에 발생한 기전력을 슬립링 S₁, S₂에 접촉되어 있는 브러시 B₁, B₂로 외부로 인출하는 구조로 되어 있다.

여기서 그림 4와 같이 시계 방향으로 코일을 회전시키면 코일의 변 ⓐ에는 실선의 화살표 방향으로 기전력이 발생한다.

다음에 변 ⓑ가 변 ⓐ 위치에 오면 코일의 변 ⓐ에는 파선의 화살표 방향으로 기전력이 발생한다.

이와 같이 발생하는 기전력의 방향은 규칙적으로 반대가 된다.

기전력의 크기는 그림과 같이 시간의 변화에 따라 증가하여 최대값이 된 후에 감소되며 다음에 반대 방향으로 기전력이 증가하여 최대값이 된 후에 감소한다. 이와 같은 파형을 **사인파**라고 한다.

Let's review

1. 다음 문장의 ( ) 안에 적절한 용어를 넣어라.
   (1) 직류 발전기 코일에 발생하는 유도 기전력의 방향은 플레밍의 (①) 법칙에 의해 구할 수 있다.
   (2) 직류 발전기로 직류의 기전력을 얻을 수 있는 것은 브러시와 (②)의 작용에 의한다.
2. 교류 발전기로 얻어지는 유도 기전력의 파형을 무엇이라 하는가? 또한 이 기전력의 방향은 어떻게 되는가?

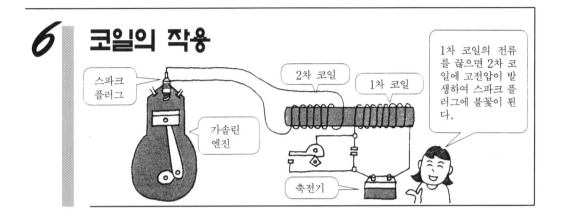

6 코일의 작용

1 자기 유도 기전력

그림 1과 같이 도선을 원통 형상으로 감은 것을 **코일**이라 한다. 코일은 저항기와 동일하게 전기 회로에는 중요한 회로 소자이다.

그림 1에서 가변 저항기를 우측 또는 좌측으로 움직이면 전류가 증감한다. 그 결과 자속도 증가하거나 감소한다. 이 자속의 변화는 코일 자체에 걸린다(**쇄교**(鎖交)**한다**고 한다).

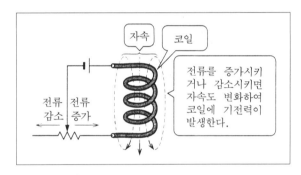

그림 1 자기 유도 기전력

코일이 자속을 차단하면 유도 기전력이 생긴다는 것은 이미 배웠지만 자속을 차단한다는 것은 자속이 어느 시간에 변화한다는 것이다. 따라서 이 경우도 코일에 유도 기전력이 생긴다. 즉, 코일에 흐르는 전류의 변화에 의해 그 코일 자체에 유도 기전력이 생기는 것이다. 이 현상을 **자기 유도**(自己誘導)라 하고 이 때 생기는 기전력을 **자기 유도 기전력**이라 한다. 여기서 자기란 자기 자체라는 의미이고 전류가 흐르고 있는 코일 자체라는 의미이다.

2 자기 인덕턴스

그림 2와 같이 원형 철심에 코일을 N회 감고 가변 저항기로 코일에 흐르는 전류를 $\Delta t[\text{s}]$ 동안에 $\Delta I[\text{A}]$ 변화시킨 결과 자속이 $\Delta \Phi[\text{Wb}]$ 변화했다고 하자. 이 경우 자기 유도에 의해 생기는 자기 유도 기전력의 크기 $e[\text{V}]$는 다음 식으로 구해진다

●**헨리(1797~1878년)**

미국의 물리학자. 뉴욕주 올바니에서 태어났다. 올바니 아카데미에서 공부하였고 화학, 해부학, 생리학, 전자기학을 연구하였다. 1827년 아카데미의 물리학 교수가 되었고 「전자 장치의 개량」이라는 논문을 발표하였다. 1830년 패러데이보다 먼저 전자 유도를 발견하였지만 발표가 늦었기 때문에 당시 그 업적이 인정되지 않았다. 인덕턴스의 단위는 그의 이름을 딴 것이다.

$$e = N\frac{\Delta\Phi}{\Delta t} = L\frac{\Delta I}{\Delta t} \tag{1}$$

단, 이 식은 기전력의 크기를 나타내는 것으로 방향은 고려되지 않았다.

비례 상수 L은 **자기 인덕턴스**라 불리며 단위는 **헨리**[H]가 사용된다. 자기 인덕턴스 L은 코일에 흐르는 전류의 변화에 의해 생기는 자기 유도의 크기를 나타내는 것이다.

그리고 자기 인덕턴스 L은 코일 고유의 값이며, 코일의 형, 권수 및 자로(磁路)의 투자율 등에 관계된다.

●**1H의 자기 인덕턴스란**

(1) 전류가 1초에 1A의 비율로 변화했을 때 자기 유도 기전력이 1V이면 자기 인덕턴스는 1H이다.

(2) 전류가 1A 변화했을 때 자속이 1Wb 변화했다고 한다면 자기 인덕턴스는 1H이다. 그 이유는 식 (1)을 변형하여 $L = N\Delta\Phi/\Delta I$(단, $N=1$)가 되기 때문이다.

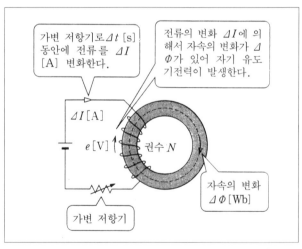

가변 저항기로 Δt [s] 동안에 전류를 ΔI [A] 변화한다.

전류의 변화 ΔI에 의해서 자속의 변화가 $\Delta\Phi$가 있어 자기 유도 기전력이 발생한다.

ΔI[A]

e[V]

권수 N

가변 저항기

자속의 변화 $\Delta\Phi$[Wb]

그림 2 자기 유도에 의한 기전력의 발생

3　형광 램프의 점등 회로

형광 램프를 점등하는 가장 간단한 회로를 **그림 3**에 나타내었다.

점등 방법은 우선 스위치 S_1를 닫은 후 S_2를 닫는다. 그렇게 하면 필라멘트 F가 가열되어 전자가 나오기 쉬운 상태가 된다.

여기서 S_2를 개방하면 그 순간 자기 인덕턴스 L의 코일(안정기라고도 한다)에 $L\Delta I/\Delta t$[V]의 자기 유도 전압이 발생한다.

이 전압과 전원의 전압이 램프 양단의 필라멘트에 가해지기 때문에 램프가 점등한다. 램프를 소등하려면 스위치 S_1을 개방한다.

실제의 형광 램프에는 글로 스위치가 설치되어 있으며 글로 방전의 열로 바이메탈 전극이 접촉되어 형광 램프의 필라멘트에 전류를 흘려 예열 후 방전 점등하는 구조로 되어 있다.

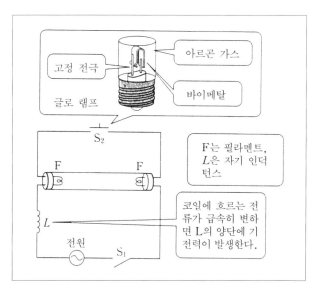

그림 3 형광 램프의 점등 회로

Let's review

1. 자기 유도 기전력 e[V]의 크기를 나타내는 $e = L\dfrac{\Delta I}{\Delta t}$ [V]에 대해서 다음 물음에 답하라.

   (1) L의 명칭은 무엇인가? 그리고 그 단위는?

   (2) $\Delta I/\Delta t$의 의미를 기술하라.

2. 자기 인덕턴스가 0.2H인 코일에 흐르는 전류가 0.05s 동안에 5A 변화했다면 자기 유도 기전력은 몇 볼트가 되는가?

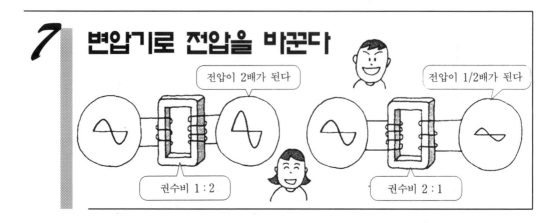

1 상호 유도의 현상

그림 1과 같이 2
개의 코일 P와 S를
근접시켜 두고 1차
코일에 흐르는 전류
를 가변 저항기로 변
화시키면 코일 P에
발생한 자속이 변화
한다. 이 변화된 자
속은 코일 S에 쇄교
하고 코일 S에 유도

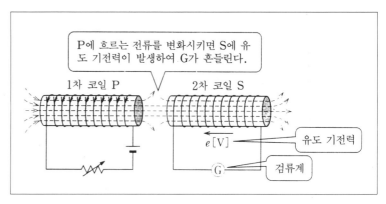

그림 1 상호 유도

기전력이 발생한다. 이 현상을 **상호 유도**라 한다.

2차 코일 S에 발생하는 유도 기전력의 크기 e[V]는 1차 코일 P에 흐르는 전류의 변
화비율에 비례한다. 즉, Δt[s] 동안에 ΔI[A] 변화했다고 한다면 e[V]는 다음 식으로
구해진다.

$$e = M \frac{\Delta I}{\Delta t} \ [\text{V}] \tag{1}$$

단, 유도 기전력에 대해서는 크기를 나타내고 그 방향은 고려하지 않았다. 또, 비례 상
수 M은 2개의 코일 P와 S의 자기적인 결합 상태에 따라 정해지는 값이다. 이 M을 **상
호 인덕턴스**라 한다. 상호 인덕턴스의 단위는 자기 인덕턴스와 동일한 **헨리**[H]를 사용
한다.

식 (1)에서 1차 코일 P에 흐르는 전류를 1초에 1A 변화시켰을 때 2차 코일 S에

1V의 상호 유도 기전력이 발생하는 상호 인덕턴스는 1H이다.

2 변압기의 원리

상호 유도의 현상을 응용한 대표예로서 변압기를 들 수 있다. 변압기는 교류 전압(제 7장에서 배운다)을 승압하거나 강압하는 장치로서, 1차 코일과 2차 코일의 권수비로 출력 전압을 바꿀 수 있다.

변압기는 **그림 2** 와 같이 적층 철심에 코일을 감은 것으로 서, 전원측 권선(코 일)을 **1차 권선**이라 하고 부하측 권선을 **2차 권선**이라 한다.

교류 전압 $v_1[\text{V}]$ 을 1차 권선에 가하 면 교류의 전류 $i[\text{A}]$ 가 흐른다.

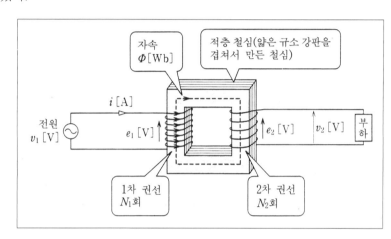

그림 2 변압기의 원리

이 전류는 사인파 교류라 불리는 것으로, 규칙적으로 그 크기와 방향이 바뀌는 전류인 데, 이 전류에 의해 적층 철심에는 시간과 더불어 변화하는 자속이 철심내에 발생한다.

이 자속의 변화에 의해 1차 권선에는 자기 유도 기전력 $e_1[\text{V}]$가 발생하고 2차 권선 에는 상호 유도 기전력 $e_2[\text{V}]$가 발생한다.

여기서 $\Delta t[\text{s}]$간에 $\Delta\Phi[\text{Wb}]$의 자속이 변화하면 자속은 $\Delta\Phi/\Delta t$ 비율로 변화하게 되 고 e_1, $e_2[\text{V}]$는 다음과 같이 나타낼 수 있다.

$$e_1 = N_1 \frac{\Delta\Phi}{\Delta t} \ [\text{V}]$$

$$e_2 = N_2 \frac{\Delta\Phi}{\Delta t} \ [\text{V}]$$

따라서 e_1과 e_2의 비는 다음과 같이 된다.

$$\frac{e_1}{e_2} = \frac{N_1}{N_2} \tag{2}$$

즉, 유도 기전력의 비는 권수의 비와 같다. 권선에서 생기는 전압 강하는 권선이 구리 로 되어 있다는 것을 고려하면 대단히 작은 값으로 무시할 수 있다. 따라서 1차측 전원

전압은 $v_1 = e_1$, 2차측에 나타나는 부하 양단의 전압은 $v_2 = e_2$가 된다.

이에 의해 식 (2)는 다음과 같이 나타낼 수 있다.

$$\frac{e_1}{e_2} = \frac{v_1}{v_2} = \frac{N_1}{N_2}$$ 또는,

$$\frac{1차측\ 전압}{2차측\ 전압} = \frac{1차\ 권선수}{2차\ 권선수}$$

이와 같이 2차 권선의 횟수 N_2를 바꿈으로써 2차측 전압을 어떻게도 바꿀 수가 있다. 가정이나 공장 등의 전기에 교류가 사용되고 있는 것은 이상과 같이 전압을 자유롭게 바꾸어 사용할 수 있기 때문이기도 하다.

변압기에는 변전소에서 사용되는 대형의 것부터 전원 회로에서 사용되는 것 또는 통신 기기에 조립되어 있는 소형의 것까지 여러 가지 크기가 있다.

3 적층 철심과 변압기의 정격

변압기는 적층 철심에 코일을 감은 것이다. 히스테리시스 현상에 대해서는 이미 배운 바 있지만 코일에 교류를 흘리면 철심내에 히스테리시스손이 생긴다. 히스테리시스손을 적게 하기 위해서는 철심을 얇은 강판으로 하고 이것을 겹친 적층 철심으로 할 필요가 있다.

실제 회전기의 전기자 철심이나 변압기 철심에는 규소강을 0.35 mm 정도의 박철판으로 하고 각각을 절연해 여러장 겹친 적층 철심이 사용된다.

변압기의 정격은 2차측 정격 전압과 정격 전류의 곱으로 표시하며 이것을 정격 용량 또는 정격 출력이라 한다. 단위는 [VA]나 [kVA]가 사용된다. 변압기는 정지 기기이므로 90% 이상의 효율을 가진다.

Let's review

1. 다음 문장의 (   ) 안에 적절한 용어를 넣어라.
   (1) 2개의 코일을 배치하여 1차 코일의 전류를 바꾸면 2차 코일에 (①)이 발생하는 현상이 있다. 이와 같은 현상을 (②)라 한다.
   (2) 변압기는 (③)의 현상을 응용한 것이다.
2. 1차측 전압이 100V, 2차측 전압이 1000V인 변압기가 있다. 1차 권선이 600회인 경우 2차 권선은 몇 회인가?

제5장의 요약

변압기 철심에 적층 철심을 사용하는 것에 대해서는 이미 기술한 바 있지만 그 이유를 다음에 설명한다.

그림 1 (a)와 같이 철심에 자속이 통과하면 그 자속의 변화를 방해하는 방향으로 유도 기전력이 발생하며 소용돌이 모양의 전류가 흐른다. 이 전류를 **와전류**(渦電流)라 한다. 철심에 와전류가 흐르면 철심내의 저항에 의해 줄 열이 발생하여 철심의 온도가 상승한다. 변압기의 효율을 생각하면 이 온도 상승은 전력 손실이며 이것을 **와전류손**이라 한다. 또한 온도 상승에 의한 절연 열화도 문제가 된다.

그래서 그림 1 (b)와 같이 얇은 규소 강판을 절연하여 겹친 구조로써 와전류가 작아지도록 연구한 **적층 철심**(積層鐵心)이 사용되고 있다.

여기서 기술한 와전류손은 손실이라는 의미에서는 이것을 적게 하기 위한 연구를 하고 있지만 이 현상을 잘 이용하는 것 또한 연구되고 있다. 일례로서 전동기의 전기 제동이나 전기 계기의 제동 장치를 들 수 있다.

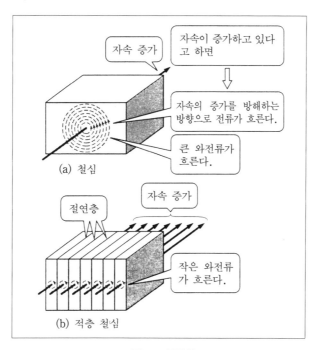

그림 1 와전류

Let's review의 해답

▶ 〈100면〉

1. 전자력
2. ① 전류의 방향　② 자계의 방향
　③ 전자력의 방향
3. 5 N, 0.5 kg

▶ 〈103면〉

1. 구동 코일은 가동 코일에 흐르는 전류에 비례하고, 제어 토크는 토트밴드의 비틀림을 복귀시키려는 힘에 비례한다.
2. 구동 토크는 코일에 흐르는 전류에 의해 생기고, 제어 토크는 나선 스프링의 탄성(원래로 복귀하려는 힘)에 의해 생긴다.

▶ 〈106면〉

1. 2 N·m
2. ① 정류자　② 금속　③ 탄소

▶ 〈109면〉

1. 유도 기전력의 크기는 도체와 교차하는 자속수가 1초간에 변화하는 비율에 비례한다.
2. 유도 기전력의 방향
3. 50V

▶ 〈112면〉

1. ① 오른손　　② 정류자
2. 사인파, 방향은 규칙적으로 바뀐다.

▶ 〈115면〉

1. (1) 자기 인덕턴스, [H]
　(2) 전류 변화의 시간적 비율
2. 20V

▶ 〈118면〉

1. ① 유도 기전력　② 상호 유도
　③ 상호 유도
2. 6,000회

제6장

정전기는 어떠한 성질을 가지고 있는가

　기원전 수 백년 그리스의 탈레스는 명주로 마찰시킨 호박이 가벼운 털이나 종이 등을 흡인한다는 것을 알고 있었을 정도로 인류는 상당히 오래 전부터 정전기에 대한 지식을 가지고 있었다.

　그러나 정전기에 관한 지식은 그 후 2천 수 백년 동안 이렇다 할 진보가 없었다.

　1746년 네덜란드 라이덴 대학의 뮈셴브르크는 정전기를 축적하는 유리 용기를 발명하였는데 이 용기가 후에 라이덴병이라 불리는 것이다.

　1752년 미국 과학자 프랭클린(정치가로서도 유명)은 뇌운 속에 연을 띄어 정전기를 라이덴병에 담아 뇌운이 때로는 +로, 때로는 −로 대전되는 것을 명확히 밝혔다.

　1785년 프랑스의 물리 학자 쿨롬은 2개의 대전체간에 작용하는 힘에 관한(정전기에 관한) 쿨롬의 법칙을 발견하였다.

　이 장에서는 우선 정전 유도와 낙뢰 현상에 대해 설명하고 정전기에 관한 부분은 쿨롬의 법칙에 의해 2개의 대전체에 작용하는 힘을 구하는 방법을 배운다.

　다음은 정전기를 축적하는 전기 회로 소자로서의 콘덴서에 대해서 공부하고 마지막으로 정전기의 응용예로서 정전 도장(靜電塗裝)과 전기 집진 장치 등의 원리에 대해서 설명한다.

1 정전 유도란

모든 원자는 +전기를 가진 원자핵 주위를 -전기를 가진 자유 전자가 회전하고 있어 **그림 1** (a)와 같이 전체적으로는 중성으로, +전기도 -전기도 나타나지 않는다. 이와 같이 전기적으로 중성인 물질이 전기를 띠는 것을 **대전**(帶電)했다고 하고 대전한 전기를 **전하**(電荷)라 한다.

그림 1 (b)와 같이 +의 전하를 가진 도체 B를 전기적으로 중성인 도체 A에 접근시키면 도체 A 안의 -전하를 가진 자유 전자는 도체 B 가까운 쪽으로 흡인되고 +전하는 멀리 떨어져 반대측으로 모인다.

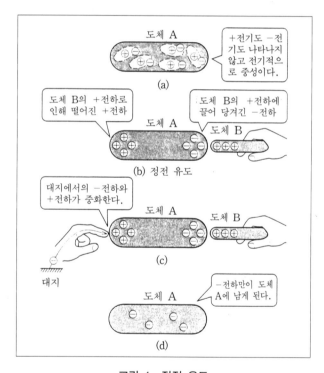

그림 1 정전 유도

즉, 전기적으로 중성인 도체에 대전체를 접근시키면 대전체 가까운 쪽으로 대전체와 종류가 다른 전하가 나타나고 먼 쪽으로 동종 전하가 나타난다. 이와 같은 현상을 **정전 유도**(靜電誘導)라 한다. 그림 1 (b)와 같은 상태에서 그림 1 (c)와 같이 도체 A에 손가락을 대면 대지로부터 자유 전자의 -전하와 +전하가 중화되어 +전하는 마치 대지에 흐르는 것과 같이 소멸한다. 따라서 그림 1 (d)의 도체 A에는 -전하만이 남는다.

2　정전 차폐란

그림 2 (a)는 금박검전기에 대전체를 근접시켰을 때 금박이 열려 있는 것을 나타내고 있다. 이것은 정전 유도에 의해 2장의 금박이 −전하에 대전했기 때문이다. 그림 2 (b)와 같이 금박검전기에 철망을 씌운 상태에서 대전체를 근접시키면 금박이 벌어지

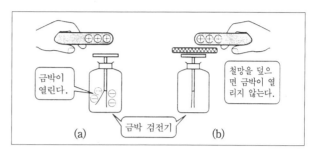

그림 2 정전 유도와 정전 차폐

지 않는다. 이것은 검전기가 도체(철망)로 둘러싸여 외부의 영향이 차단되었기 때문이다. 이와 같은 현상을 **정전 차폐**라 한다.

3　뇌운의 발생

일반적으로 구름은 입상(粒狀)의 물이나 얼음을 함유하고 있지만 **그림 3**과 같이 급속한 상승 기류가 발생하면 알맹이가 부서지거나 알맹이끼리 마찰한다. 이 때 +전하를 가진 알맹이와 −전하를 가진 알맹이로 나뉘어지는 것을 생각할 수 있다.

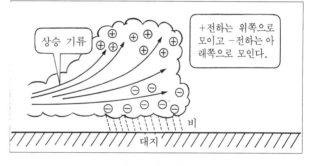

그림 3 뇌운의 발생

그리고 그림과 같이 +전하를 가진 알맹이는 윗쪽으로 이동하고 −전하를 가진 알맹이는 아랫쪽으로 이동한다. 이렇게 해서 +전하와 −전하를 가진 뇌운이 발생하는 것이다.

4　낙뢰 · 피뢰침의 작용

뇌운이 발생하면 **그림 4**와 같이 뇌운 A와 뇌운 B 또는 뇌운 A와 대지, 뇌운 B와 대지간에서 정전 유도가 생긴다.

그 때문에 뇌운 A와 뇌운 B간, 뇌운과 대지간의 이종 전하가 서로 흡인하여 공기내

에서 방전된다. 그때 강렬한 빛과 소리가 생긴다. 이것이 **벼락**과 **천둥**이다.

정전 유도에 의해 대지에 생긴 전하는 뇌운과 가장 가까운 곳에서 맞부딪친다. 따라서 뇌운이 발생하는 것은 높은 나무나 안테나 정상인 경우가 많다.

그림 4 낙뢰

그림 5 피뢰침의 작용

그리고 보통 벼락이라 하는 빛은 방전에 의해 생긴다. 또한 천둥 소리는 방전에 의해 벼락이 통과하는 길의 공기가 갑자기 가열되어 체적이 급증, 주위의 공기가 진동하기 때문에 생기는 것이다.

높은 빌딩 등에는 공중에 끝이 뾰족한 금속을 세우고 이것을 대지에 접지한다.

이것이 피뢰침인데, 피뢰침의 금속봉 끝에는 녹이 슬지 않도록 도금을 하고 금속봉의 다른 한 쪽은 동선으로 대지에 접지한다. 금속봉 끝을 뾰족하게 하면 방전하기 쉬워지는 성질을 가지고 있다.

뇌운이 근접하면 정전 유도에 의해 금속 선단에 전하가 모여 방전하기 쉬운 상태가 되어 조금씩 방전하기 때문에 한 번에 큰 전하가 방전하는 일은 드물다.

이것이 피뢰침의 원리이다(**그림 5**).

Let's review

1. 다음 문장의 (   ) 안에 적절한 용어를 넣하라.

(1) 전기적으로 (①)인 도체에 대전체를 근접시키면 대전체에 가까운 쪽 끝에 대전체와 (②)인 전하가 모이고 먼 쪽 끝에 (③) 전하가 모인다. 이 현상을 (④)라 한다.

(2) 낙뢰는 구름과 구름, 구름과 대지간의 일종의 (⑤) 현상이다.

1 대전 현상

(+) 석면－유리－납－명주－모직물－호박－에보나이트－니켈－금－셀룰로이드 (－)

이 일련의 물질을 **마찰 서열**이라 부른다(제 1 장). 예를 들면 유리를 견포로 마찰하면 유리는 ＋로 대전하고 견포는 －로 대전한다.

그림 1 (a)는 유리봉을 모직물로 문지르고 있는 그림이다. 이 경우 유리는 ＋로, 모직물은 －로 대전된다. 그림 1 (b)는 에보나이트봉을 모직물로 마찰한 결과 에보나이트봉은 －로, 모직물은 ＋로 대전된 상태이다. 이와 같이 대전한 물체를 **대전체**라 하는데, 대전체가 절연되어 있으면 대전한 전기(전하)는 움직이지 않는다. 이와 같이 움직이지 않는(정지한) 전기를 **정전기**(靜電氣)라 한다.

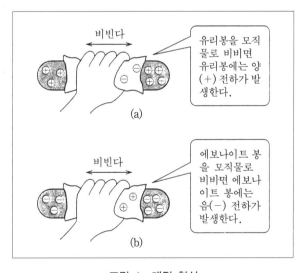

그림 1 대전 현상

2 전하간에 작용하는 흡인력과 반발력

그림 2 (a)는 모직물로 마찰한 작은 유리구와 작은 에보나이트구를 전하가 움직이지 않도록 절연물인 대 위에 매단 것이다. 유리구는 ＋로 대전되고 에보나이트구는 －로 대전되어 있다.

여기서 이 소구를 근접시키면 2개의 소구에는 흡인력이 작용, 서로 접근하려 한다. 이 경우 발생한 흡인력은 구간의 거리가 가까울수록 크다는 것이 실험 결과 밝혀졌다. 그리고 그림 2 (b)는 +로 대전한 유리구 2개를 매단 것이다. 이 2개의 구를 근접시키면 구간에는 서로 멀어지려하고 반발력이 생긴다. 그리고 이 반발력의 크기는 구간의 거리가 가까울수록 커진다는 것을 알았다.

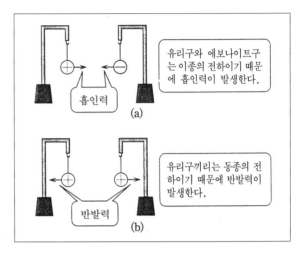

그림 2 전하의 흡인력과 반발력

3 쿨롬의 법칙

이상과 같은 2개의 전하간에 작용하는 힘은 프랑스 과학자 쿨롬의 실험으로 확인되었으며, 다음과 같이 나타낼 수 있다.

● **2개의 전하간에 생기는 힘은 전하 크기의 곱에 비례하고 그 거리의 제곱에 반비례한다. 또한 생기는 힘의 방향은 이종의 전하**

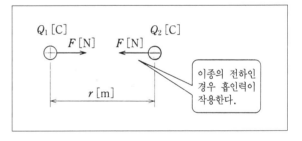

그림 3 쿨롬의 법칙

일 때는 흡인력, 동종의 전하일 때는 반발력이 된다(쿨롬의 법칙).

그림 3과 같이 2개의 전하 $Q_1[C]$과 $Q_2[C]$를 거리 $r[m]$ 위치에 두었을 때 전하간에 생기는 힘 $F[N]$는 다음 식으로 구할 수 있다.

$$F \propto \frac{Q_1 Q_2}{r^2} \quad \text{또는} \quad F = k \frac{Q_1 Q_2}{r^2}$$

비례 상수 k는 $k = \dfrac{1}{4\pi\varepsilon}$ 로 주어진다.

단, ε는 **유전율**이라 하며 유전체(절연체)가 전하를 축적하는 성질로 유전체에 의해 결정되는 상수이다. 진공의 유전율을 ε_0라 하면 유전체의 유전율 ε는 $\varepsilon = \varepsilon_r \varepsilon_0$이다. 이 ε_r을 **비유전율**이라 한다. 여러 가지 물질의 비유전율을 **표 1**에 나타내었다.

표 1 비유전율 ε_r

유 전 체	ε_r	유 전 체	ε_r
파 라 핀	2.1~2.5	에보나이트	2.8
유 리	5.4~9.9	셀 렌	6.1~7.4
운 모	2.5~6.6	고 무	2.0~3.5
종 이	2.0~2.6	물	81
도 자 기	5.7~6.8	산 화 티 탄	83~183
재 목	2.5~7.7	유 황	3.6~4.2

진공의 유전율 ε_0의 값은 $\varepsilon_0 = 8.85 \times 10^{-12}$[F/m]이다. 그리고 공기의 비유전율 ε_r의 값은 $\varepsilon_r = 1.00059$이므로 공기의 유전율과 진공의 유전율은 거의 동일하다.

진공 및 공기중에서 2개의 전하간에 생기는 힘 F[N]는 다음 식으로 구할 수 있다.

$$F = 9 \times 10^9 \frac{Q_1 Q_2}{r^2} \text{ [N]}$$

(참고 $1/4\pi\varepsilon_0 = 9 \times 10^9$)

4 전계와 전계의 세기

전하와 전하간에서 흡인력이나 반발력이 작용하는 장소를 **전계**(電界)라 한다. 전계의 상태를 크기와 방향으로 표시한 것을 **전계의 세기**라 한다.

전계의 세기는 다음과 같이 나타낼 수 있다. 「전계내에 +1C의 전하를 두었을 때 그 전하에 작용하는 힘의 크기를 그 점의 전계의 크기로 하고 그 전하에 작용하는 힘의 방향을 그 점의 전계의 방향으로 한다」

전계의 세기는 기호 E로 나타내고 전계의 단위는 [V/m]를 사용한다.

어느 점의 전계의 세기 E는 +1C에 작용하는 힘이므로 다음 식으로 구할 수 있다.

$$E = 9 \times 10^9 \frac{Q}{r^2} \text{ [V/m]}$$

Let's review

1. 2개의 전하간에 생기는 힘은 전하 크기의 (①)에 비례하고 그 거리의 (②)에 반비례한다. 이것을 (③)이라 한다.

2. 공기중에 2개의 동종 전하 $4\mu C$를 30cm 거리에 두었을 때 전하에 작용하는 힘을 구하라. 또한 이 힘은 흡인력인가, 반발력인가?

1 평행판 콘덴서

콘덴서는 저항기와 동일하게 전기 회로를 구성하는 중요한 회로 소자이다.

콘덴서가 가지는 전기적인 값을 **정전 용량**(靜電容量)이라 하는데, 후에 상세히 기술하기로 한다.

그림 1과 같이 금속판을 평행하게 놓고 그 사이에 유전체를 넣은 것을 **콘덴서**라 하는데, 특히 그림과 같은 콘덴서를 **평행판 콘덴서**라 한다.

유전체로는 공기, 운모, 절연지, 전해액을 포함한 산화 피막 등이 사용된다. 정전 용량을 크게 하는

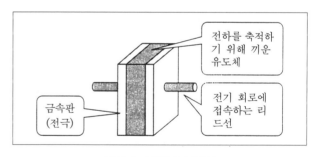

그림 1 평행판 콘덴서

것, 즉 전하를 보다 많이 축적하기 위해서는 유전율이 큰 유전체를 사용할 필요가 있다. 또한 금속판으로는 알루미늄판, 알루미늄박, 주석박 등이 사용되며 콘덴서에는 여러 가지 형상의 것이 있다.

2 콘덴서의 역할

그림 2와 같이 평행판 콘덴서의 전극 A와 B에 전지를 접속한다. 전극 A와 B는 처음에는 전기적으로 중성(+전하와 −전하의 수가 같다)이지만 전지를 접속하면 음극에서 전자가 전극 A에 보내지고 양극은 전극 B의 전자를 끌어 당긴다. 그 결과 전극 A는 −로 대전하고 전극 B는 전자가 부족하여 +로 대전한다.

또한 전지(직류 전원)의 양극은 전자를 끌어 당기는 작용이 있고 음극은 전자를 공급하는 작용이 있다고 할 수 있다.

이 경우 전지의 양극이 전자를 1개 끌어 당겼을 때 음극에서는 전자가 1개 공급되는 것과 같이 전지의 양극과 음극은 같은 수의 전자를 주고 받게 되는 것이다.

이렇게 해서 전극판 A, B에는 전하가 축적된다. 이것이 콘덴서의 역할이다.

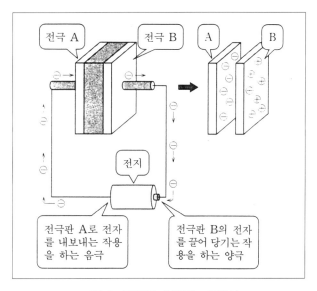

그림 2 전하를 축적하는 콘덴서

3 │ 콘덴서의 정전 용량

그림 3과 같이 콘덴서에 전압을 가하면 전극에는 전하가 축적된다. 축적되는 전하의 양은 전극 A의 전하가 $+Q[\text{C}]$일 때 전극 B의 전하는 $-Q[\text{C}]$이다.

이와 같이 상대되는 전극에는 같은 양의 $+$와 $-$의 전하가 축적된다. 전극에 $V[\text{V}]$의 전압을 가하면 축적되는 전하 $Q[\text{C}]$는 다음 식과 같이 된다.

$$Q \propto V$$

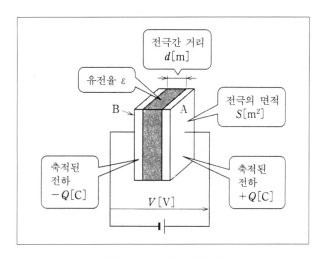

그림 3 콘덴서의 정전 용량

즉, 축적되는 전하는 가한 전압에 비례한다. 그래서 비례 상수를 C라 하면

$$Q = CV\,[\text{C}]$$

가 된다.

이 비례 상수 C를 콘덴서의 정전 용량이라 하고 단위에 **패럿[F]**이 사용된다. 1F는 1V의 전압을 가했을 때 1C의 전하를 축적하는 정전 용량이다. 또한 [F]라는 단위는 너

무 크기 때문에 $[\mu\text{F}]$(마이크로 패럿)($10^{-6}[\text{F}]$) 또는 $[\text{pF}]$(피코 패럿)($10^{-12}[\text{F}]$)가 사용된다.

그림 3과 같이 전극의 면적이 $S[\text{m}^2]$, 전극간의 거리가 $d[\text{m}]$인 경우 정전 용량 C는

$$C = \varepsilon\,\frac{S}{d}\,[\text{F}] = 8.85 \times 10^{-12} \times \varepsilon_r\,\frac{S}{d}\,[\text{F}]$$

가 된다. ε는 유전율, ε_r는 비유전율이다.

4 콘덴서의 충전과 방전

그림 4 (a)와 같이 콘덴서에 저항과 스위치를 접속하여 전압이 가해지는 회로를 만든다. 지금 스위치 S_1을 넣으면 전류 i가 저항 R_1을 통해 콘덴서에 유입된다(전자가 양극에 유입된다). 그 결과 콘덴서 양단의 전압 v_c는 그림 4 (b)와 같이 $V[\text{V}]$까지 점차 상승한다(v_{c1}). 이때의 전류를 **충전 전류**라 하고 콘덴서에 전하를 축적하는 것을 **충전**이라 한다.

다음에 S_1을 열고 S_2를 넣으

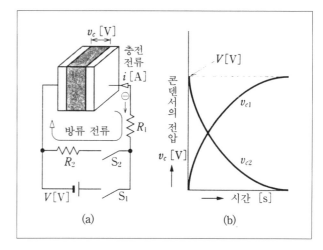

그림 4 콘덴서의 충전과 방전

면 축적되어 있던 전하가 저항 R_1, R_2를 통해 방출된다. 이것을 **방전**이라고 하고 이때의 전류를 **방전 전류**라 한다. 콘덴서 양단의 전압 v_c는 그림 4 (b)와 같이 감소한다 (v_{c2}).

Let's review

1. 콘덴서가 가지는 전기적인 값을 무엇이라 하는가?
2. 콘덴서에 축적되는 전하 Q는 가한 전압 V, 정전 용량 C와 어떠한 관계가 있는가?
3. 콘덴서에 전하를 축적하는 것과 축적한 전하를 방출하는 것을 무엇이라 하는가?

면적은 3배

극판의 면적이 3배가 되므로 합성 정전기 용량 C_0도 C의 3배가 된다.

$$C_0 = 3C\,[\text{F}]$$

1 콘덴서의 종류

콘덴서는 그 구조에 따라 여러 가지가 있다.

그림 1 (a)는 종이 등의 절연체(유전체)에 금속박을 덮어 통 모양으로 만든 것으로, **권형 콘덴서**라 한다. 그림 1 (b)는 금속박과 절연체를 번갈아 겹쳐 만든 것으로, **적층형 콘덴서**라 부른다. 이 밖에 전해액을 이용한 전해 콘덴서가 있다.

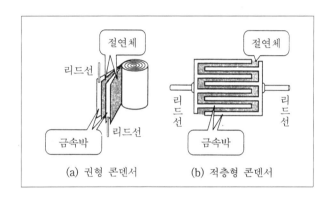

(a) 권형 콘덴서   (b) 적층형 콘덴서

그림 1 콘덴서의 구조

그리고 콘덴서를 만드는 절연체의 종류에 따라 공기 콘덴서, 종이 콘덴서, 세라믹 콘덴서, 마이카 콘덴서 등이 있으며, 정전 용량을 변화시킬 수 있는가의 여부에 따라 고정 콘덴서, 가변 콘덴서, 반고정 콘덴서가 있다.

2 콘덴서의 그림 기호와 정전 용량 표시 방법

그림 2에 고정 콘덴서, 가변 콘덴서, 반고정 콘덴서, 전해 콘덴서의 그림 기호를 나타낸다. 콘덴서를 나타낼 때는 이것들 중의 어느 하나로 표시한다.

그림 3에 정전 용량 표시 방법을 나타낸다. J, K는 허용되는 오차의 범위인데, J는 ±5%, K는 ±10%이다. 그림에는 272, 473과 같이 3자리로 되어 있는데, 47K와 같이 2자리 숫자에 허용차가 있는 경우는 $47 \times 10^0 \pm 10[\%] = 47 \pm 10[\%]$라 읽는다.

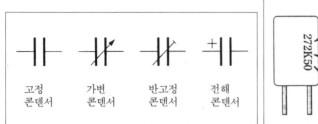

그림 2 콘덴서의 그림 기호

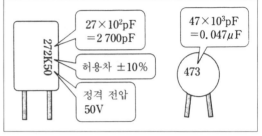

그림 3 정전 용량 표시법

그림과 같이 272는 $27 \times 10^2 = 2,700$ pF이다. 또한 473은 $47 \times 10^3 = 47,000$ pF이 되므로 μF의 단위로 하면 $0.047 \, \mu$F이 된다.

콘덴서의 종류는 JIS(한국은 KS)에 다음과 같이 규정되어 있다. CK : 자기(세라믹), CE : 알루미늄 전해, CM : 마이카 등

3 ▎ 콘덴서의 병렬 접속

그림 4와 같이 콘덴서를 병행해서 연결하는 방법을 **병렬 접속**이라고 한다.

콘덴서의 면적은 위로부터 S_1, S_2, S_3[m²]이고 $S_1 > S_2 > S_3$의 관계이다. 정전 용량은 면적에 비례하므로 3개의 콘덴서 정전 용량간에는 $C_1 > C_2 > C_3$의 관계가 있다.

정전 용량이 크다는 것은 전하를 축적하는 능력이 크다는 것이다. 그림 4 (a)와 같이 정전 용량 C_1 콘덴서에는 6개의 +, − 전하가 축적되고 C_2 콘덴서에는 4개의 전하가, C_3 콘덴서에는 2개의 전하가 축적되어 있다.

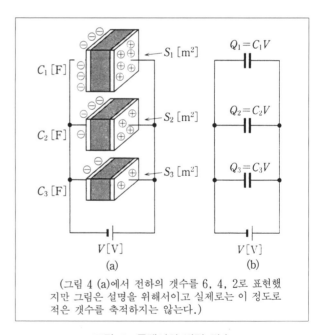

(그림 4 (a)에서 전하의 갯수를 6, 4, 2로 표현했지만 그림은 설명을 위해서이고 실제로는 이 정도로 적은 갯수를 축적하지는 않는다.)

그림 4 콘덴서의 병렬 접속

그림 4 (b)는 그림 4 (a)를 그림 기호로 나타낸 회로도이다. $Q = CV$의 관계가 있으므로

C_1에 축적되는 전하는 $Q_1 = C_1 V [\text{C}]$

C_2에 축적되는 전하는 $Q_2 = C_2 V [\text{C}]$

C_3에 축적되는 전하는 $Q_3 = C_3 V [\text{C}]$

이며, $Q_1 > Q_2 > Q_3$의 관계가 있다.

4 콘덴서를 병렬 접속했을 때의 합성 정전 용량

그림 5와 같이 정전 용량 C_1, C_2, C_3 3개의 콘덴서를 병렬 접속하고 전압 $V[\text{V}]$를 가한다. 이 경우 각각의 콘덴서에 축적되는 전하 Q_1, Q_2, Q_3는 $Q_1 = C_1 V$, $Q_2 = C_2 V$, $Q_3 = C_3 V$이다.

이들 전하를 가하여 $Q = Q_1 + Q_2 + Q_3$로 하고 정전 용량을 하나로 하여 생각하면 그림 5 (b)와 같이 1개의 콘덴서로 나타낼 수 있다. 이때 그림 5 (b)는 그

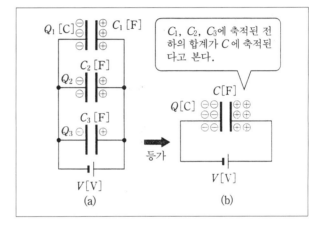

그림 5 병렬 콘덴서의 합성

림 5 (a)와 **등가**(等價)라 한다. 이로부터 다음과 같은 식이 성립된다.

$$Q = Q_1 + Q_2 + Q_3 = C_1 V + C_2 V + C_3 V = (C_1 + C_2 + C_3)V \tag{1}$$

$$Q = CV \tag{2}$$

(이 C를 **합성 정전 용량**이라 한다)

식 (1) = 식 (2)에서 $C = C_1 + C_2 + C_3[\text{F}]$가 얻어진다. 일반적으로 C_1, C_2, C_3 $\cdots C_n$의 n개의 콘덴서를 병렬 접속했을 때의 합성 정전 용량 C는 다음 식으로 구할 수 있다.

$$\boxed{C = C_1 + C_2 + C_3 + \cdots + C_n\,[\text{F}]}$$

Let's review

1. 5개의 콘덴서를 병렬 접속했을 때 합성 정전 용량을 구하라.

　정전 용량은 $0.33\,\mu\text{F}$ 2개, $3.3\,\mu\text{F}$ 3개로 한다.

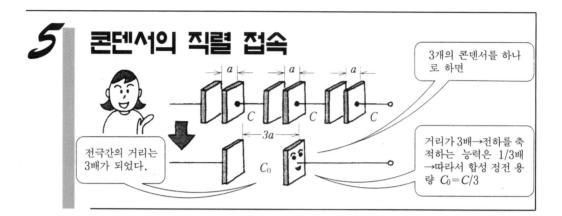

1 콘덴서의 직렬 접속

그림 1 (a)와 같이 정전 용량 C_1, C_2, C_3[F]를 가지는 콘덴서를 직렬로 접속한다.

이러한 접속법을 **직렬 접속**이라 한다. 직렬 접속한 3개의 콘덴서에 전압 V[V]를 가했을 때 C_1의 전극 a에서 가령 4개의 전자가 유출되고 C_3의 전극 c′에는 4개의 전자가 유입되었다고 하자. 그러면 전극 a′, b, b′, c에는 정전 유도에 의해 그림과 같이 전하가 나타난다.

여기서 주의할 것은 정전 용량이 어떠한 크기의 것이라도 **직렬 접속한 콘덴서에 비축되는 전하는 어느 콘덴서나 동일하다**는 점이다.

다음에 직렬 접속한 경우의 전 전하(全電荷)에 대해서 생각해 보자. 전전하란 그림 1 (a)의 단자 A와 단자 B간에 축적된 전하

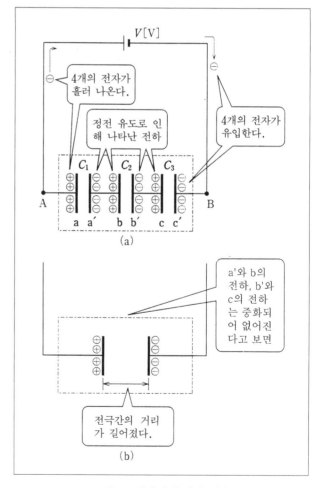

그림 1 콘덴서의 직렬 접속

이다. 단자 A에서 콘덴서를 보면 전극에는 4개의 +전하가 있고 단자 B에서 콘덴서를 보면 전극에는 4개의 −전하가 있다. 즉, 전전하는 4개의 전하라고 할 수 있다. **그러므로 각각의 전하와 전전하는 동일하다.**

이상은 직렬 접속의 콘덴서를 전체적으로 볼 때 전극 a′와 b, 전극 b′와 c의 +와 −의 전하는 중화되어 상호 상쇄되고 있다고 생각할 수 있다. 그래서 전극 a′, b, b′, c를 제거한 콘덴서가 그림 1 (b)이다. 그림 1 (b)의 전극간 거리는 그림 1 (a)의 C_1, C_2, C_3를 가한 것이며 접속선은 무시하고 있다.

콘덴서의 정전 용량은 $C = \varepsilon S/d[\mathrm{F}]$($\varepsilon$는 유전율, S는 면적, d는 거리)로 표시되었다. 여기서 ε와 S가 동일하다고 하면 C는 d에 반비례한다. 즉, 그림 1 (a)의 직렬 접속 콘덴서 3개를 콘덴서 1개로 나타내면 거리 d가 커지기 때문에 정전 용량은 3개의 콘덴서 중 어느 것 보다도 작아지는 것이다.

2 콘덴서를 직렬 접속했을 때의 합성 정전 용량

그림 2 (a)와 같이 콘덴서를 직렬 접속하여 전압 $V[\mathrm{V}]$를 가했을 때의 각 콘덴서의 전하는 전부 $Q[\mathrm{C}]$이다.

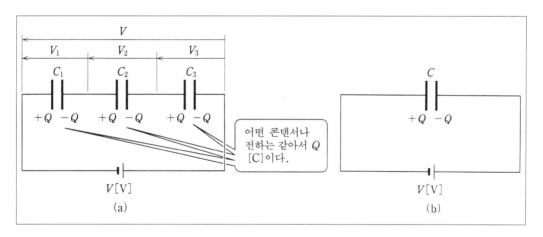

그림 2 콘덴서를 직렬 접속했을 때의 합성 정전 용량

따라서 정전 용량 C_1, C_2, C_3의 각 콘덴서 단자 전압은 다음과 같이 나타낼 수 있다.

$$V_1 = \frac{Q}{C_1}, \quad V_2 = \frac{Q}{C_2}, \quad V_3 = \frac{Q}{C_3}$$

각 전압의 합은 전원 전압과 같으므로

$$V = V_1 + V_2 + V_3$$

$$= \frac{Q}{C_1} + \frac{Q}{C_2} + \frac{Q}{C_3}$$

$$= \left(\frac{1}{C_1} + \frac{1}{C_2} + \frac{1}{C_3} \right) Q \tag{1}$$

그런데 그림 2 (b)와 같이 1개의 콘덴서로 했을 때의 정전 용량(합성 정전 용량이라 한다) C는 다음 식과 같다.

$$V = \frac{Q}{C} \tag{2}$$

식 (1)과 식 (2)는 같으므로 다음과 같이 된다.

$$\frac{1}{C} = \frac{1}{C_1} + \frac{1}{C_2} + \frac{1}{C_3}$$

따라서, $\quad C = \dfrac{1}{\dfrac{1}{C_1} + \dfrac{1}{C_2} + \dfrac{1}{C_3}}$ [F]

일반적으로 정전 용량이 C_1, C_2, C_3, $\cdots C_n$의 n개의 콘덴서 직렬 접속의 합성 정전 용량 C는

$$C = \frac{1}{\dfrac{1}{C_1} + \dfrac{1}{C_2} + \dfrac{1}{C_3} + \cdots + \dfrac{1}{C_n}} \ [\text{F}]$$

가 된다. 아울러서 2개의 콘덴서 C_1, C_2를 직렬 접속했을 때의 합성 정전 용량 C는 $C = C_1 \cdot C_2 / (C_1 + C_2)$가 된다.

Let's review

1. 다음 문장중 (   ) 안에 적절한 용어를 넣어라.
   (1) 직렬 접속한 콘덴서에 비축된 (①)는 어느 콘덴서나 동일하다.
   (2) 콘덴서의 정전 용량은 전극간 거리에 (②)한다.

2. 정전 용량이 C_1[F], C_2[F]인 2개의 콘덴서를 직렬 접속하였다. 이때의 합성 정전 용량 C가 다음 식과 같이 되는 것을 설명하여라.

$$C = \frac{C_1 C_2}{C_1 + C_2} \ [\text{F}]$$

3. 정전 용량이 $3 \mu \text{F}$인 콘덴서 3개를 직렬로 접속하였다. 이때의 합성 정전 용량을 구하라.

6 콘덴서의 내전압, 침단 방전

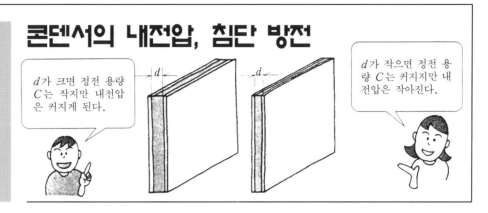

d가 크면 정전 용량 C는 작지만 내전압은 커지게 된다.

d가 작으면 정전 용량 C는 커지지만 내전압은 작아진다.

1 콘덴서의 내전압

콘덴서의 정전 용량 C 는 전극판의 면적을 $S[\text{m}^2]$, 전극간 거리를 $d[\text{m}]$, 절연체의 유전율을 ε 이라고 하면 다음 식이 성립된다는 것은 이미 설명하였다.

$$C = \varepsilon \frac{S}{d} \ [\text{F}]$$

이 식에서 큰 정전 용량의 콘덴서를 만들려면 S 를 크게 하고 d를 작게 해야 한다.

그런데 d 를 작게 하면 전압의 크기에 따라서는 절연체의 절연이 파괴되게 된다. 그러므로 콘덴서를 선택할 때는 정전 용량 외에 어느 정도의 전압에 견딜 수 있는가를 고려해야만 한다.

이 전압을 콘덴서의 **내전압**(耐電壓)이라 한다.

2 절연 파괴 전압

그림 1에 나타내듯이 금속판에 절연체를 끼우고 이것에 전압을 가하는 실험 회로를 만든다.

금속판에는 $Q = CV$ 에 의한 전하가 축적되는데, 전압을 올려 나가면 축적되는 Q도 증가한다.

어느 전압이 되면 Q는 결국 절연체를 통해서 방전하여 절연이

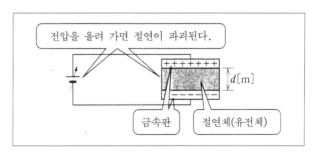

전압을 올려 가면 절연이 파괴된다.

$d[\text{m}]$

금속판   절연체(유전체)

그림 1 절연 파괴 전압

파괴된다. 이때의 전압을 **절연 파괴 전압**이라 한다.

3 절연 파괴의 세기

절연 파괴시 1 mm당 전압을 **절연 파괴의 세기**라 하며 일반적으로 단위는 [kV/mm] 가 사용된다. **표 1**은 여러 가지 절연체의 절연 파괴의 세기를 나타낸 것이다.

그림 1의 d를 작게 하면 정전 용량은 커지지만 내전압은 낮아진다. 따라서 콘덴서를 선택하는 경우 어느 정도의 전압이 가해지는지 안전도도 포함해서 사용 전압을 확인할 필요가 있다.

표 1 절연 파괴의 세기 [kV/mm]

절 연 체	절연 파괴의 세기
세 라 믹	8~25
유 리	5~10
에 보 나 이 트	10~70
염 화 비 닐	24~80
폴 리 스 티 롤	15~25
아 크 릴	23~25
종 이	5~10
변 압 기 유	24~57

이상은 직류 회로에서 사용하는 경우이고 교류 회로에서 사용하는 콘덴서의 경우는 열 손실로서 유전체 손실을 고려해야만 한다.

즉, 절연체가 유전체 손실에 의해 가열되면 절연 정도가 작아지고 그에 따라 절연 파괴의 세기가 작아진다는 것이다.

4 침단 방전과 그 응용

보통 공기내의 구형 금속에 전하를 가하면 전하는 금속의 전체 표면에 균일하게 분포한다. 그러나 원형 이외 형태의 금속은 그 분포가 불균일해진다. 특히 끝이 뾰족한 금속의 경우 선단에 전하가 집중된다.

그림 2와 같이 공기내에서 원형 도체 A에 +전하를 부여하고 이 원

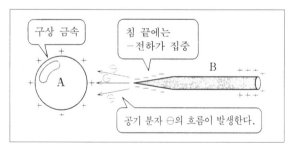

그림 2 침단 방전

형 금속에 바늘 형상의 도체를 접근시키면 정전 유도에 의해 바늘 선단에 −전하가 집중

된다.

이 바늘 선단 주위의 공기 분자는 바늘 끝의 −전하(전자)를 빼앗고 −로 대전한다. 이 공기 분자는 원형 도체 A의 +전하에 흡인되어 공기 분자의 흐름이 생기고 −전하는 점차 없어진다. 이렇게 해서 침상(針狀) 도체 B는 +전하로 대전된다. 이 경우 바늘 선단, 즉, 침단(針端)에서

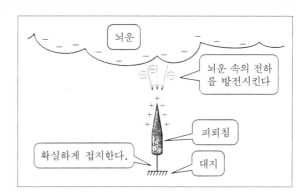

그림 3 피뢰침

−전하가 상실되는 것, 즉 방전하는 것을 **침단 방전**이라 한다.

피뢰침에 대해서는 앞에서 간단히 기술했지만 이것도 침단 방전의 응용이다.

그림 3과 같이 뇌운이 발생하면 뇌운내의 −전하에 의한 정전 유도로 끝이 뾰족한 피뢰침 끝에 +전하가 집중하여 나타난다.

그러면 뇌운내의 전하와 피뢰침의 전하가 조금씩 중화된다(방전한다). 대량의 전하가 방전하는 경우는 대지에 접지된 도선을 통해 전하가 대지에 흐른다. 따라서 방전 전류가 대지에 안전하게 흐를 수 있도록 피뢰침을 완전하게 접지해 두어야 한다.

5 정전 전압계

대전한 +전하와 −전하간에는 흡인력이 작용한다. 이와 같은 힘을 **정전력**(靜電力)이라 한다.

그림 4에서 고정판 A−A′와 가동판 B간에 전압 V를 가하면 가동판에 정전력 F[N]가 생기며 지침이 흔들린다. 가동판 B에는 제어추가 있으며 이 제어 토크와 F[N]

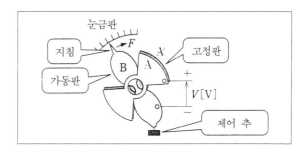

그림 4 정전 전압계

가 균형된 곳에서 지침이 정지한다. 측정 범위는 500~20,000[V] 정도이다.

Let's review

1. 절연 파괴시 1 mm당 전압을 무엇이라 하는가?
2. 콘덴서의 내전압은 전극간 거리가 작을수록 커지는가?

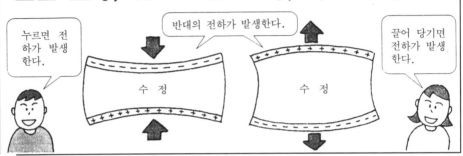

1　압전 현상

　　수정과 같은 결정(유전체)에 압력을 가하거나 장력을 가하면 결정 표면에 전하가 나타나고 전압이 발생한다. 반대로 결정에 전압을 가하면 결정이 신축한다. 이와 같은 현상을 **압전 현상**(壓電現象)이라 한다.

　　그림 1과 같이 침상 전극과 압전 현상이 현저한 유전체를 접속하고 유전체를 두드리면 고전압이 생긴다. 이 고전압에 의해 침상 전극간에 불꽃이 발생한다. 이것을 **불꽃 방전**이라고 한다.

　　이와 같은 압전 현상을 응용한 것에는 자동 점화장치가 있다. 압전 현상이 현저한 결정에는 수정 외에 로셸염, 티탄산바륨, 인산칼륨 등이 있다.

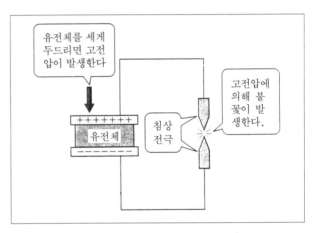

그림 1　압전 현상

2　유전 가열

　　절연체에는 자유 전자가 거의 없으므로 도체에서 일어나는 것과 같은 정전유도에 의한 전자 이동은 없다. 그러나 분자나 원자내의 전자 위치가 외부 전하에 의해 치우치는 현상이 있다.

　　이것을 **분극 현상**이라 한다. 즉, 절연체에도 유전 유도 현상이 있다.

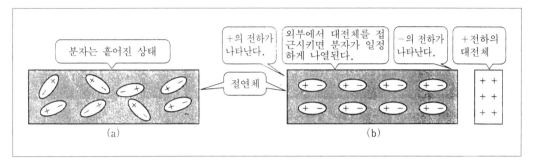

그림 2 절연체의 정전 유도

그림 2 (a)는 절연체내의 분자(전기 쌍극자라고도 한다) 방향이 각각 다른 상태이다. 따라서 이 절연체 표면에는 전하가 나타나지 않는다. 다음에 그림 2 (b)와 같이 +전하의 대전체를 절연체 우측에 근접시키면 분자가 배열되고 절연체 우측에 −전하, 좌측에 +전하가 나타난다.

교류를 절연체에 가하면 분자의 방향이 바뀌고 발열한다. 이 현상이 **유전 가열**이다.

3 불꽃 방전

그림 3과 같이 2장의 평판 전극을 공기중에 놓고 이것에 직류 전압을 가한다.

전압을 점차 올려 나가면 소량의 전류가 흐른다. 그 이유는 공기중에는 약간이긴 하지만 우주선에 의해 이온과 전자가 생기고 있으며 극판에 전압이 가해지면 이것들이 이동하여 전류가 되기

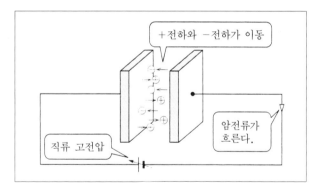

그림 3 암전류에서 불꽃 방전으로

때문이다. 이와 같은 소량의 전류는 빛을 발생하지는 않으므로 **암전류**라 부르고 있다. 전압을 점차 크게 하면 결국 절연 파괴를 일으켜 **불꽃 방전**이 생긴다.

4 코로나 방전

그림 4와 같이 판형 전극에 침상 전극을 놓고 직류 전압을 가한다.

전압을 점차 높게 하면 침상 전극 선단 부근에서 절연 파괴를 일으켜 방전이 시작된

다. 이때 약간의 빛이 생긴다. 이와 같은 방전을 **코로나 방전**이라 한다.

고압 송전선의 경우 전압이 높기 때문에 부분적으로 전리(電離)되어 이온과 전자가 발생, 코로나 방전이 생기므로 이것을 방지하는 대책이 취해지고 있다.

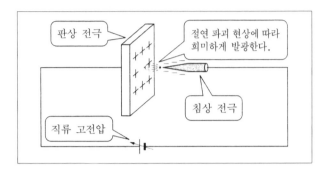

그림 4 코로나 방전

5 글로 방전

그림 5와 같은 투명한 유리관 안에 양극과 음극을 넣고 적당한 진공도로 직류 고전압을 가하면 빛이 생기고 전류가 흐른다. 이 현상을 **글로 방전**이라 한다.

글로 방전으로 발광하는 빛은 유리관내의 빛에 따라 여러 가지이다.

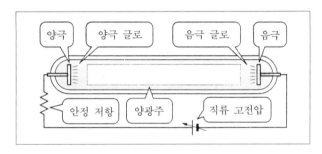

그림 4 글로 방전

글로 방전은 그림과 같이 관내의 위치에 따라 명칭이 있는데, 일반적으로 양광주(陽光柱)의 빛을 조명에 이용하고 있다.

Let's review

1. 다음 문장의 (   ) 안에 적당한 용어를 넣라.

   (1) 수정에 압력을 가하면 전극간에 전압이 생긴다. 이 현상을 (①)이라 한다.

   (2) 절연체에 교류 전압을 가하면 발열한다. 이 현상을 (②)이라 한다.

   (3) 고압 송전선에는 (③)이 생기기 때문에 방지 대책이 세워지고 있다.

   (4) 조명에서 이용하고 있는 글로 방전은 주로 (④) 부분이다.

제6장의 요약

정전기에 관한 역사를 조사할 때 반드시 등장하는 것이 「라이덴병」이다. 라이덴병은 콘덴서의 일종으로 전하를 비축하는 병인데, 1746년 네덜란드의 라이덴 대학에서 제작되어 이런 이름이 붙여졌다. 발명자는 이 대학 물리학 교수 뮈센브르크이다.

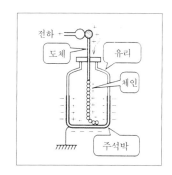

그림 1 라이덴병

그림 1은 라이덴병의 구조를 나타낸 것으로, 유리병 내측과 외측을 주석박으로 싸고 도체와 사슬을 통해 외부에서 전하를 병에 집어넣는 구조로 되어 있다. 병 외측을 둘러 싼 주석박은 접지한다.

라이덴병은 정전기를 발생시키는 마찰 기전기와 조합하여 연구되었는데, 이에 대한 에피소드가 몇가지 전해지고 있다.

라이덴병은 당시 귀족들의 놀이 도구였으며, 국왕 앞에서 180명이나 되는 군인들을 손을 잡게 하여 라이덴병에 접촉된 전기 쇼크로 전원이 펄쩍 뛰게 하거나 새를 전기 쇼크로 죽였다고 한다.

그림 2 라이덴병의 실험

Let's review의 해답

➡ ⟨124면⟩
1. ① 중성　　② 이종
　 ③ 동종　　④ 정전 유도
　 ⑤ 방전

➡ ⟨127면⟩
1. ① 곱　　② 제곱
　 ③ 쿨롬의 법칙
2. 1.6 N, 반발력

➡ ⟨130면⟩
1. 정전 용량
2. $Q=CV$ [C]
3. 충전, 방전

➡ ⟨133면⟩
1. 10.56 μF

➡ ⟨136면⟩
1. ① 전하　　② 반비례
2. $C=\dfrac{1}{\dfrac{1}{C_1}+\dfrac{1}{C_2}}=\dfrac{1}{\dfrac{C_1+C_2}{C_1C_2}}$

　　$=\dfrac{C_1C_2}{C_1+C_2}$
3. 1 μF

➡ ⟨139면⟩
1. 절연 파괴의 세기
2. 작아진다

➡ ⟨142면⟩
1. ① 압전 현상　　② 유전 가열
　 ③ 코로나 방전　　④ 양광주

제 7 장

영국의 과학자 패러데이는 1831년 자계내에서 도체를 움직이면 유도 기전력이 발행한다는 사실을 발견했다.

패러데이는 이 밖에도 전파 존재의 예언이나 전기 분해의 법칙 발견 등 많은 업적을 남겼다.

패러데이의 전파의 예언을 수식으로 표현한 것은 패러데이와 친교가 있던 맥스웰이었다.

독일의 물리 학자 헤르츠는 1888년에 맥스웰의 전파에 관한 이론을 실험에 의해 확인하였다.

현재 주파수 단위로서 사용되고 있는 헤르츠[Hz]는 그의 이름에서 비롯된 것이다. 전기에는 교류와 직류가 있으며, 현재는 적절히 구분하여 사용되고 있다. 1880년대 초에는 전기 송전시 교류와 직류 어느 쪽이 바람직한가의 문제에 대해 미국과 유럽에서 각기 다른 의견이 제시되었다.

미국의 전기 기술자 테슬러는 유도 전동기를 제작한 경험을 기초로 교류에 의해 회전 자계를 만들어 이것으로 모터를 회전시킬 수 있다는 것을 근거로 교류를 강하게 주장하였다. 그후 여러 가지 실험 결과 대용량 전기를 송전하는 것에 교류가 적합하다고 결론짓게 되어 현재에 이르고 있다.

이 장에서는 우선 교류에 대해서 수류를 사용하여 알기 쉽게 설명하고 교류의 성질과 그 표시 방법, 그리고 벡터에 대해서도 설명하였다.

1 교류를 수류에 비유한다

파도가 치면 바닷물이 밀려왔다 밀려갔다 한다. 교류란 이와 같이 흐름의 방향이 변하는 것이다.

1 수류를 좌우로 향하게 한다

그림 1과 같이 도너츠형 수조를 준비하고 노와 상앗대로 물을 전후로 움직이는 장치를 생각해 본다.

노를 앞으로 당기면 상앗대는 앞으로 밀려 수류가 흐르기 시작한다. 다음에 노를 밀면 상앗대는 후방으로 밀려 수류가 반대 방향으로 흐른다.

이 경우 수류의 방향과 점 P를 통과하는 수량에 대해서 조사해 보자. ①~⑨는 시간의 경과에 따라 나타나는 현상이다.

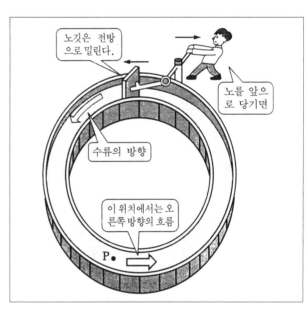

그림 1 수류를 좌우로 흘려 보낸다

시간의 경과

① 점 P의 수류는 처음에는 정지해 있고 점 P를 통과하는 수량은 0이다.

② 수류는 점차 빨라지고 우측 방향으로 흐르며 수량이 점차 증가한다.

③ 수류는 우측 방향으로 최대가 되고 수량도 최대가 된다.

④ 수류는 점차 늦어지고 수량도 점차 감소한다.

⑤ 수류가 드디어 정지한다. 따라서 점 P를 통과하는 수량은 0이 된다.

⑥ 수류는 좌측 방향이 되고 수류가 점차 빨라지며 수량도 점차 증가한다.

⑦ 수류는 좌측 방향으로 최대가 되며 따라서 점 P를 통과하는 수량은 최대가 된다.

⑧ 수류가 점차 늦어지고 수량도 점차 감소한다.

⑨ 수류가 드디어 정지한다. 따라서 점 P를 통과하는 수량은 0이 된다.

그림 1에서 노를 전후로 천천히 반복해서 젓는다고 하면 ①~⑨의 수류·수량의 변화가 반복하게 된다. 이 경우 ①~⑨의 변화를 **1사이클**이라 한다.

2 ①~⑨의 변화를 그래프화 한다

전기 분야에서는 전류나 전압 등의 양을 그래프로 나타내는 경우가 많다.

전술한 ①~⑨의 수류·수량의 변화를 그래프로 나타내면 세로축을 수류의 방향과 수량으로 하고 가로축을 시간으로 한 그래프가 **그림 2** (a)이다.

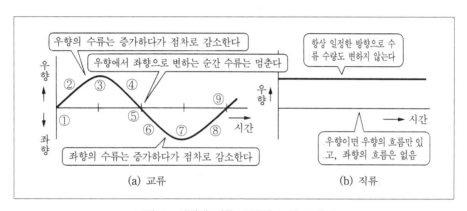

그림 2 시간에 따른 수류와 수량 그래프

그림 2 (a)의 ①~⑨는 전술한 ①~⑨에 대응한다. 세로축중 상향은 우방향 수류를 나타내고 하향은 좌방향 수류를 나타내고 있다.

세로축은 수류 방향과 수량을 나타낸다는 점을 주의해야 한다. 이 그래프와 같이 수량은 우측 방향으로 ① 0 → ② 증가 → ③ 최대 → ④ 감소 → ⑤ 0으로 변화하고 다음에 수량은 좌측 방향으로 ⑤ 0 → ⑥ 증가 → ⑦ 최대 → ⑧ 감소 → ⑨ 0으로 변화하여 1사이클을 종료한다.

이 변화 과정에서 ⑥에 대해서는 자칫 감소로 생각하기 쉽지만 좌측 방향으로 증가하고 있는 것에 주의할 필요가 있다.

그림 2 (a)의 그래프는 규칙적으로 방향과 양이 변화하고 있으며 이와 같은 변화를 **교류**라 한다. 이것에 비해 그림 2 (b)는 방향도 양(크기)도 변화하지 않고 일정하다. 이것을 **직류**라 한다.

이상 기술한 수류에 대한 교류의 사고 방식은 그대로 전기의 교류에 해당되는 것이다.

3 **교류에 의한 전구의 점멸**

그림 3은 일반 가정의 AC 콘센트에 들어오고 있는 교류 전압 100V에 플러그를 꽂았을 때 전구가 어떻게 점멸하고 있는가를 나타낸다. ①과 ③은 전류의 방향이 반대지만 전구는 점등하고 ②와 ④는 전류가 0이므로 전구가 켜지지 않는다.

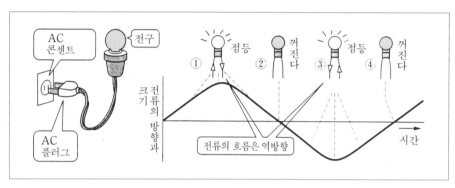

그림 3 교류에 의한 전구의 점멸

실제로 이와 같은 전류의 변화는 1초간에 50회 또는 60회나 되므로 전구가 켜지지 않는 상태는 우리들 눈에 느껴지지 않고 전구가 연속해서 점등되고 있는 것처럼 보인다. 그리고 그래프의 세로축은 전선에 흐르는 전류의 방향과 크기를 나타낸다는 것을 확인해 두길 바란다.

이상은 백열 전구의 경우에 대해 기술한 것인데, 형광 램프의 경우 그림 3과 같이 밝은 순간과 어두운 순간이 있다. 그것은 극히 단시간 램프가 점등하지 않는 시간이 존재한다는 것이다.

그럼에도 불구하고 사람의 눈에는 램프가 점등하고 있는 것과 같이 보이는 것은 사람의 눈에는 잔상이라는 현상이 있기 때문이다.

Let's review

1. 다음 문장의 (   ) 안에 적절한 용어를 넣어라.
   (1) 교류를 수류에 비유하면 전류는 (①)이고 흐르는 방향은 시간과 더불어 (②).
   (2) 교류를 그래프로 나타내는 경우 세로축은 전류가 흐르는 (③)이고 가로축은 (④)이다.
   (3) 교류의 반복으로 시작부터 끝까지 그 일련의 변화를 (⑤)이라 한다.

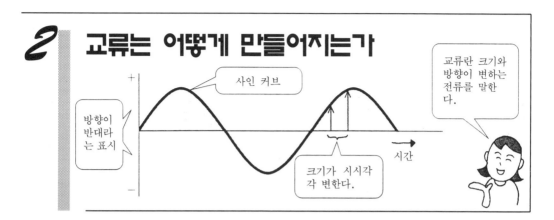

1 교류의 발생

그림 1과 같이 N극과 S극간에 코일을 두고 이것을 회전하면 유도 기전력이 발생한다. 이 기전력은 코일 선단에 붙여진 슬립링과 브러시에 의해 밖으로 인출된다.

따라서 저항 R에 전류가 흐르는데, 이 전류는 저항 R를 왕래하는 전류로서, 시간에 따라 그 방향이 바뀐다. 이와 같은 전류를 **교류**라 하며, 교류를 흘리는 기전력을 **교류 기전력**, 교류를 흘리는 전압을 **교류 전압**이라 한다.

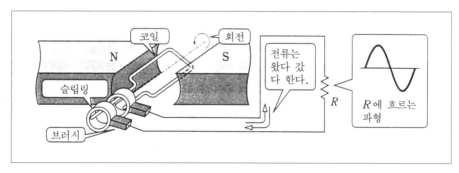

그림 1 교류의 발생

2 교류라는 것은

상술한 것과 같이 시간의 흐름에 따라 방향이 바뀌는 전류를 교류라 한다. 즉, 교류란 전류를 말한다. 교류 전류라는 말을 이따금 듣게 되는데 이것은 잘못된 표현으로, 학술 용어에 교류 전류라는 용어는 없으므로 사용할 수 없다.

교류는 영어로 alternating current라 하며, 흐르는 방향이 번갈아 바뀌는 전류라는 의미이다. 교류는 약칭해서 AC라고 표시하는 경우가 많다.

전압은 교류 전압이라는 용어가 학술 용어로 정해져 있는데, 영어로는 alternating voltage라 하며 방향이 번갈아 바뀌는 전압이라는 의미이다.

학술 용어로는 이와 같이 정해져 있으며, 이것을 잘 기억하고 용어를 사용하도록 한다. 그러나 교류라는 단어가 가지는 본래의 의미 이외에 번갈아 방향이 바뀌는 전압과 전류를 총칭해서 교류라는 용어가 사용되고 있다. 따라서 전류로서의 교류와 교류 전압을 나타내는 경우에는 교류의 전류와 전압이라 해도 된다.

3 직류의 경우는

교류라는 용어에 대해서 기술했으므로 직류에 대해서도 언급해 두기로 한다. 건전지에서 흐르는 전류는 시간에 대해서 방향이 일정하다. 이와 같은 전류를 직류라 한다. 직류란 전류라는 것이므로 직류 전류라는 표현은 잘못된 표현이다. 영어로는 direct current라고 쓰며 DC로 표시하는 경우가 많다.

4 사인파 교류 기전력의 발생

그림 2와 같이 N극과 S극간에 코일을 놓고 이것을 회전시키면 기전력이 발생한다. 이 기전력은 시간에 대해서 방향이 바뀌므로 교류 기전력이다.

코일이 회전하고 있으므로 그림 2와 같이 (a), (b), (c), (d) 각 각도에서 조사해 보자. 그림 2 (a)의 코일 위치를 각도 0°로 하고 이것을 기준으로 한다.

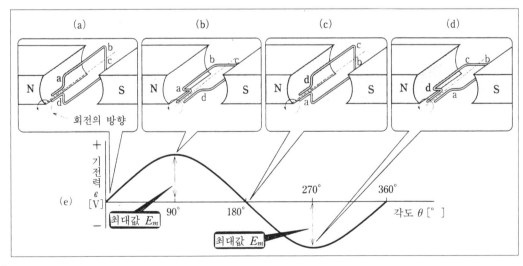

그림 2 사인파 교류 기전력

그림 2 (a)에서 코일의 변 a−b와 변 c−d는 N극에서 S극으로 생기고 있는 자속을 차단하지 않으므로 기전력 e[V]는 0이다.

그림 2 (b)에서는 코일의 각 변의 자속을 가장 많이 차단하기 때문에 발생하는 기전력은 최대가 된다. 이 값을 교류 기전력의 **최대값**이라 하고 기호는 E_m을 사용한다. 이때의 코일 각도는 90°이다.

또한 코일이 회전해서 그림 2 (c)의 위치에서는 코일의 변 a−b와 변 c−d는 그림 2 (a)와 반대가 되지만 코일변은 자속을 차단하지 않으므로 기전력은 0이다. 이때의 코일 각도는 180°이다.

그림 2 (d)는 코일 각도가 270°, 이 위치에서는 코일변이 가장 많이 자속을 차단하므로 발생하는 기전력은 최대가 된다. 다만 기전력의 방향은 그림 2 (b)와 반대 방향이다.

이상의 현상을 기초로 하여 세로축에 기전력, 가로축에 각도를 잡아 그래프로 나타낸 것이 그림 2 (e)이다.

세로축의 +와 −는 기전력의 방향이다. 가로축의 각도는 시간이라 해도 되고 시간축이라 하기도 한다. 이것에 대해서는 뒤에서 설명하겠다.

가정이나 공장 등에서 일반적으로 사용되고 있는 교류 전압은 그림 2 (e)와 같은 전압 파형이며, 이것을 **사인파 교류 전압**이라 한다.

사인파 교류 전압 v[V]는 그 최대값을 V_m[V]라고 하면 다음 식으로 구할 수 있다.

$$v = V_m \sin \theta \ [\text{V}]$$

기전력의 경우는 e, E_m, 전압의 경우는 v, V_m을 사용한다.

Let's review

1. 자계내에 코일을 놓고 코일 선단에 슬립링을 부착해 브러시로 인출한 기전력의 명칭은?

2. 사인파 교류 전압 $v = V_m \sin \theta$ 에서 V_m 및 θ 는 무엇을 나타내는가?

3 교류의 표현 방법 (1) (주파수, 주기, 각주파수)

일본의 경우, 발전기나 전동기는 유럽에서 50Hz용, 미국에서 60Hz용이 수입되었다. 후지가와 부근을 경계로 주파수가 달라진다.

60Hz 50Hz 후지가와

1 주파수와 주기

교류 전압이 사인파라는 파형으로 나타난다는 점에 대해서는 앞에서 설명하였다. 교류 전압을 저항에 가하면 역시 사인파형의 전류, 즉 교류가 흐른다. 교류나 교류 전압을 수식으로 나타내는 경우, 필요한 요소의 하나로 주파수가 있다.

그림 1은 1초 동안에 사인파형이 8사이클 존재하는 교류 전압을 나타내고 있다. **1사이클**이란 +의 반파와 −

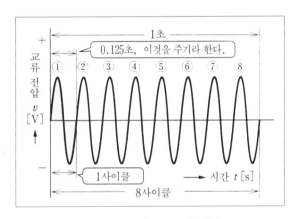

그림 1 주파수 8Hz의 파형

의 반파 1쌍으로 구성되는 파형이다. 1초간에 반복되는 사이클 수를 **주파수**라 한다. 이 그림의 경우 1초간에 8사이클이므로 주파수는 8 Hz(헤르츠)이다.

이와 같이 주파수 단위에는 [Hz]가 사용된다. 또, 1사이클에 필요한 시간을 주기라 하며 단위는 초[s]이다. 그림 1의 경우 1사이클의 시간은 1/8초, 즉 주기는 0.125s가 된다. 지금, 주파수를 f[Hz], 주기를 T[s]라 하면 주파수와 주기간에는

$$f = \frac{1}{T} \ [\text{Hz}]$$ 또는 $$T = \frac{1}{f} \ [\text{s}]$$

의 관계가 있다.

2 주파수의 여러 가지

일본은 가정이나 공장에서 사용되고 있는 주파수, 즉 상용 주파수가 후지강 동쪽은

50 Hz, 서쪽은 60 Hz이다.

그리고 라디오나 텔레비전 등에서 사용되고 있는 주파수는 대단히 높아 헤르츠의 1,000배인 킬로 헤르츠[kHz], 1,000,000배인 메가 헤르츠[MHz]가 사용된다.

표 1에 다양한 목적에 사용되는 주파수를 나타내었다. 그리고 메가 헤르츠[MHz]로도 나타내기 어려울 정도로 높은 주파수의 경우는 10^9[Hz]를 기가 헤르츠[GHz]로 사용한다. 높은 주파수의 이용을 살펴보면 표 1의 무선 주파중 위성 통신에는 4, 6 GHz대가 사용되고 마이크로파 통신에는 4, 5, 6, 11 GHz대가 사용되고 있다.

표 1 주파수의 여러 가지

주파수의 종류	주 파 수	용 도 등
상 용 주 파 수	50 Hz, 60 Hz	전등, 전력용
가 청 주 파 수	20~20,000 Hz	소리로 들린다
반 송 주 파 수	10~200 kHz	유선 통신용
무 선 주 파 수	30 kHz~30 GHz	방송, 무선, 레이더

3   각도를 라디안으로 나타나는 방법(호도법)

각도의 단위에는 도[°] 이외에 라디안[rad]이 있다. 전기 회로 계산에는 [rad]이 많이 사용된다. 라디안으로 각도를 나타내는 방법을 **호도법**(弧度法)이라 한다.

호도법이란 한마디로 말하면 호의 길이가 반지름의 몇 배인지 그 각도를 나타내는 방법이다.

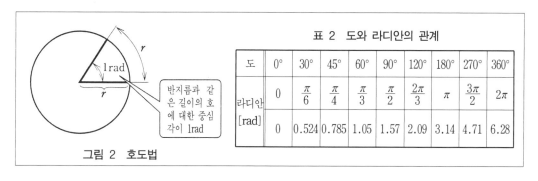

표 2 도와 라디안의 관계

도	0°	30°	45°	60°	90°	120°	180°	270°	360°
라디안 [rad]	0	$\dfrac{\pi}{6}$	$\dfrac{\pi}{4}$	$\dfrac{\pi}{3}$	$\dfrac{\pi}{2}$	$\dfrac{2\pi}{3}$	π	$\dfrac{3\pi}{2}$	2π
	0	0.524	0.785	1.05	1.57	2.09	3.14	4.71	6.28

그림 2 호도법

그림 2에 나타내듯이 반지름 r와 동일한 길이의 원호를 측정하고 이 원호에 대한 중심각을 1 rad로 한다. 원주는 $2\pi r$로 표시되므로 전체의 각은 2π[rad]이고 360°는 2π[rad]이다. 동일하게 180°는 π[rad]가 된다.

표 2에 도와 라디안의 관계를 나타내었다.

$$360° = 2\pi\,[\text{rad}]$$

이므로 $1\,[\text{rad}] ≒ 57.3\,[°]$이다.

교류 계산에서는 이 라디안에 익숙해져야 한다.

4　각주파수

그림 3과 같이 1사이클이 종료되면 $2\pi\,[\text{rad}]$ 진행하고 2사이클에 $2\pi \times 2 = 4\pi\,[\text{rad}]$, f사이클에 $2\pi \times f = 2\pi f\,[\text{rad}]$ 진행한다.

따라서 주파수가 $f\,[\text{Hz}]$인 경우 1초간에 $2\pi f\,[\text{rad}]$ 진행된다. 이 값 $2\pi f$를 ω(오메가)로 표시하며 이것을 **각주파수**라 한다.

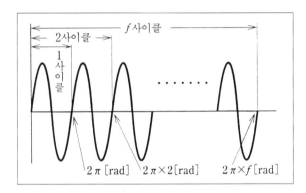

그림 3　각주파수

$$\omega = 2\pi f\,[\text{rad}]$$

이 ω는 1초 동안에 변화하는(진행하는) 각도이므로 t초 동안에 변화하는 각도는 $\omega t = 2\pi f t\,[\text{rad}]$이 된다.

앞에서 사인파 교류 전압 v의 식을 $v = V_m \sin \theta\,[\text{V}]$로 표시했는데, 이 식의 θ가 ωt가 되므로 v의 식은 다음과 같다.

$$\begin{aligned} v &= V_m \sin \theta = V_m \sin \omega t \\ &= V_m \sin 2\pi f t\,[\text{V}] \end{aligned}$$

Let's review

1. 주파수가 $100\,\text{Hz}$일 때 주기는 얼마인가? 그리고 주기가 $0.025\,\text{s}$일 때 주파수는 몇 헤르츠인가?

2. 최대값이 141.4V, 주파수가 $50\,\text{Hz}$인 사인파 교류 전압 v를 식으로 표시하라.

3. 일본의 상용 주파수는 얼마인가?

4. $3\,\text{rad}$는 몇 도인가?

5. 주파수가 $50\,\text{Hz}$일 때 각 주파수를 구하라.

교류의 표현 방법 (2) (실효값, 평균값, 위상)

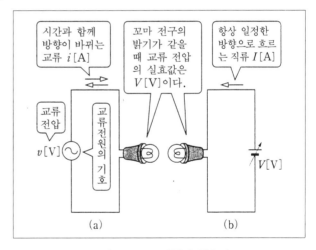

1 실효값이란

일본의 가정용 교류 전압은 일반적으로 100V를 사용하고 있다. 그런데 앞에서 배운 것과 같이 교류 전압은 $v = V_m \sin \omega t$ [V]였다.

그래프를 보면 알 수 있듯이 교류 전압 v는 시간과 더불어 변화하고 있다. 교류 전압이 100V라는 것은 무엇을 의미하는가?

그림 1에 전구를 점등하기 위한 회로를 나타냈다. 그림 1 (a)는 교류 전압을 전구에 가한 회로이고 그림 1 (b)는 직류 전압을 전구에 가한 회로이다.

지금 그림 1 (a)의 회로로 전구를 점등하고 그때의 교류 전압을 v[V]라 하자.

여기서 그림 1 (b)의 회로로 직류 전압을 바꾸어 전구의 밝기를 변화시켜 그림 1 (a)의 전구 밝기

그림 1 교류 전압의 실효값

와 동일하게 한다. 그때의 전압이 V[V]였다고 한다.

이 경우 교류 전압 v[V]와 직류 전압 V[V]는 동일한 일을 한 것이 된다.

이때의 직류 전압 V[V]를 교류 전압 v[V]의 **실효값**이라 한다. 전류의 경우도 동일하며 직류 I[A]를 교류 i[A]의 실효값이라 한다.

이와 같이 실효값은 교류 전압이나 교류가 전력으로 소비될 때 실제로 효력이 있는 값이라 할 수 있다.

2 실효값을 구한다

그림 2의 파선의 그래프는 교류 전압 v[V]의 파형이다. 전구가 점등하고 있다는 것은 여기서 전력을 소비한다는 의미로 직류 전력 P는

$$P = \frac{V^2}{R} \text{ [W]}$$

가 된다.

즉, 전압 V를 제곱한 값을 R(전구의 저항)로 나누어 전력을 구한다. 교류 전력 P의 경우

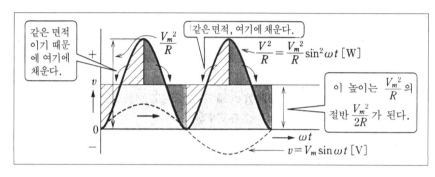

그림 2 실효값을 구한다

도 동일하며 교류 전압 v를 제곱한 값을 R로 나눈다. 그래서 그림 2와 같이 v를 제곱하여 R로 나눈 그래프를 그리면 실선으로 표시하는 파형이 된다. 이 파형의 최대값은 V_m^2/R가 된다. 실효값을 구하기 위해서는 사선이나 점으로 표시하는 부분의 면적을 그림과 같이 메우면 높이가 $V_m^2/2R$가 된다.

직류 전압 V에 의한 직류 전력은 V^2/R이다. 따라서 실효값의 정의에 의해 다음 식이 성립된다.

$$\frac{V_m^2}{2R} = \frac{V^2}{R}$$

따라서

$$V = \frac{V_m}{\sqrt{2}}$$

$$\text{실효값} = \frac{\text{최대값}}{\sqrt{2}} = 0.707 \times \text{최대값}$$

전류의 경우도 동일하며 교류 $i = I_m \sin \omega t$ [A]의 실효값 I는 $I = I_m/\sqrt{2}$가 된다.

3 평균값을 구한다

교류 전압을 평균한 값을 **평균값**이라 한다. **그림 3**은 평균값을 구하는 방법을 나타낸

그림이다. 이 그림과 같이 +의 반파에 있어서 동일한 면적이 되도록 메웠을 때 그 높이가 평균값 V_a이며 다음과 같이 구해진다.

$$V_a = \frac{2}{\pi} V_m,$$

평균값 $= 0.637 \times$ 최대값

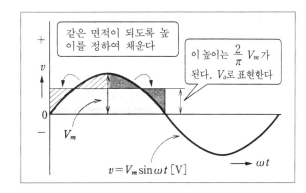

그림 3 평균값을 구한다

전기 계기의 지침은 그 동작 원리에 따라서는 교류의 평균값에 비례해서 움직이지만 이런 경우에도 보통 눈금판에는 실효값이 표시되어 있다.

4 교류 전압의 위상

그림 4에 사인파 교류 전압, v_a, v_b, v_c의 파형을 나타냈다.

$$v_a = V_m \sin \theta \, [\text{V}]$$
$$v_b = V_m \sin(\theta + 120°) [\text{V}]$$
$$v_c = V_m \sin(\theta - 120°) [\text{V}]$$

θ, $\theta + 120°$, $\theta - 120°$를 v_a, v_b, v_c의 **위상** 또는 **위상각**이라 한다. 또한 $120°$, $-120°$를 **초기 위상** 또는 **초기**

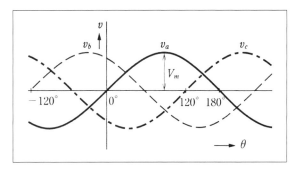

그림 4 교류 전압의 위상

위상각이라 한다. 그리고 또 「v_b는 v_a보다 위상이 $120°$ 앞서고 있고 v_c는 v_a보다 위상이 뒤지고 있다」고 한다. 초기 위상의 차를 **위상차**라 하고 위상차가 0일 때 **동상**이라 한다.

Let's review

1. 가정에 송전되어 오는 교류 전압은 다음 식으로 표시된다. 실효값과 평균값을 구하라.

   $$v = 141.4 \sin 314t \, [\text{V}]$$

2. 다음의 두 사인파 교류 전압 v_a, v_b에 대해서 각각의 위상, 초기 위상 및 v_a와 v_b의 위상차를 구하라.

   $$v_a = 10 \sin(\theta + 90°) [\text{V}], \quad v_b = 15 \sin(\theta - 45°) [\text{V}]$$

5 교류의 표현 방법 (3) (복소수와 벡터)

1 허수 단위(j)

교류에 관한 전압이나 전류 계산은 복소수(複素數)를 사용하면 간단히 할 수 있다. 복소수에는 허수 단위가 사용된다. -1의 제곱근의 하나를 $\sqrt{-1}$이라 표시하고 이것을 **허수 단위**라 한다. 허수 단위를 j로 표시(수학에서는 허수 단위를 i로 표시하고 있지만 전기에서는 전류의 기호가 i이기 때문에 j를 사용한다)하면,

$$j = \sqrt{-1}$$ 따라서 $$j^2 = (\sqrt{-1})^2 = -1$$

이 된다.

2 복소수

a, b라는 실수와 j라는 허수 단위를 사용하여 표시되는 수 $a+jb$를 **복소수**라 하며, 보통 다음과 같이 표시한다.

$$\dot{A} = a + jb$$

$\dot{A}$는 에이도트라고 읽는다. 복소수 $\dot{A}$의 식에서 a는 **실수부**, b는 j가 붙어 있으므로 **허수부**라 한다. 복소수 $\dot{A} = a+jb$가 어느 때 $a-jb$와 같이 허수부의 부호가 달라지는 복소수를 **공액 복소수**라 하며, 복소수가 분수의 분모에 있을 때 분모를 유리화하는데 이 공액 복소수가 사용된다.

3 복소수의 사칙 연산

복소수의 사칙 연산은 일반적으로 사용되고 있는 실수의 사칙 연산과 동일하지만 계

산 도중에 j^2가 나왔을 때 -1로 치환한다. 복소수의 사칙 연산은 다음과 같은 규칙으로 한다.

① 가산 $(a+jb)+(c+jd)=(a+c)+j(b+d)$

② 감산 $(a+jb)-(c+jb)=(a-c)+j(b-d)$

③ 승산 $(a+jb)(c+jb)=ac+jad+jbc+j^2bd=(ac-bd)+j(ad+bc)$

④ 제산 $\dfrac{a+jb}{c+jd}=\dfrac{(a+jb)(c-jd)}{(c+jd)(c-jd)}=\dfrac{ac+bd}{c^2+d^2}+j\dfrac{bc-ad}{c^2+d^2}$

(단, $c^2+d^2\neq0$)

예제 다음 계산을 하라.

(1) $(2+j3)+(4+j2)$ (2) $(10-j8)-(3+j5)$

(3) $(4+j2)\times(6-j2)$ (4) $(3+j3)\div(2+j3)$

해답 (1) $6+j5$ (2) $7-j13$

(3) $24-j8+j12-j^24=28+j4$

(4) $\dfrac{(3+j3)(2-j3)}{(2+j3)(2-j3)}=\dfrac{15}{13}-j\dfrac{3}{13}$

---

4 복소 평면과 벡터

복소수 $\dot{A}=a+jb$는 **그림 1** (a)에 나타냈듯이 좌표 P(a, b)로 표시할 수 있다. 이와 같은 복소수를 나타내는 좌표 평면을 **복소 평면**이

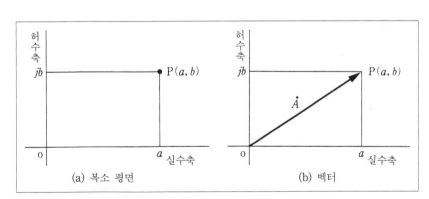

그림 1 복소 평면과 벡터

라 한다. 복소 평면의 횡축을 **실수축**, 종축을 **허수축**이라 한다.

그림 1 (b)와 같이 원점 o에서 복소 평면상의 점 P를 향하는 선분 $\overline{\text{OP}}$를 **벡터**라 한다. 벡터는 크기와 방향을 갖는 양으로, 선분 끝에 화살표로 표시한다.

벡터의 기호는 복소수와 동일한 기호 $\dot{A}$를 사용하여 표시한다($\vec{\text{A}}$라고 표시하는 방법도 있다).

5 벡터 $\dot{A}$의 크기, 편각, 성분

그림 2 (a)에 있어서 원점 o에서 점 P까지의 거리 A를 벡터 $\dot{A}$의 **크기**라 하고 실수축과 벡터 $\dot{A}$가 이루는 각 θ를 **편각**이라 한다.

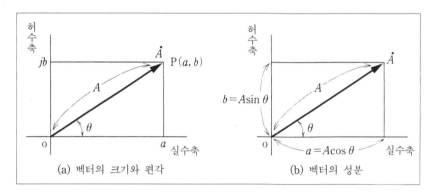

그림 2 벡터의 크기, 편각, 성분

편각의 방향은 역시계 방향이 양이다. 벡터 $\dot{A}$의 크기 A는

$$A = \sqrt{a^2 + b^2}$$

이고 편각 θ는

$$\tan \theta = \frac{b}{a} \text{에서} \quad \theta = \tan^{-1} \frac{b}{a} \text{로 표시된다.}$$

그림 2 (b)와 같이 $a = A\cos\theta$, $b = A\sin\theta$이므로 벡터 $\dot{A}$는 다음과 같이 표시된다.

$$\dot{A} = a + jb = A\cos\theta + jA\sin\theta = A(\cos\theta + j\sin\theta)$$

이 식의 $\cos\theta + j\sin\theta$를 $\varepsilon^{j\theta}$로 하면

$$\dot{A} = A\varepsilon^{j\theta} \quad \text{또는} \quad \dot{A} = A\angle\theta$$

로 표시할 수 있다.

$$\dot{A} = a + jb \quad \cdots\cdots\cdots\cdots\cdots\cdots\cdots\cdots\cdots\cdots\text{**직각 좌표 표시**}$$
$$\dot{A} = A\varepsilon^{j\theta}, \ \dot{A} = A\angle\theta \quad \cdots\cdots\cdots\cdots\cdots\cdots\text{**극좌표 표시**}$$
$$\dot{A} = A(\cos\theta + j\sin\theta) \quad \cdots\cdots\cdots\cdots\cdots\cdots\text{**삼각 함수 표시**}$$

그리고 삼각 함수 표시의 $\cos\theta + j\sin\theta = \varepsilon^{j\theta}$는 **오일러의 공식**으로 알려져 있다.

Let's review

1. 벡터 $\dot{B} = \sqrt{3} + j1$이 있다. 벡터의 크기와 편각을 구하라.

2. 벡터 $\dot{C}$의 크기가 5, 편각이 $\pi/3$[rad] (60°)일 때 다음 표시법에 대한 식을 세워라.

   (1) 극좌표 표시   (2) 삼각 함수 표시

1　벡터의 합

복소수 $\dot{A}$와 $\dot{B}$를 다음 식으로 나타낼 수 있는 경우 그 합 $\dot{C}$를 구해 보자.

$$\dot{A} = a + jb, \quad \dot{B} = c + jd$$

$$\dot{C} = \dot{A} + \dot{B} = (a + jb) + (c + jd)$$

$$= (a + c) + j(b + d)$$

벡터 $\dot{C}$의 크기 C와 편각 θ는 다음 식으로 표시된다.

$$C = \sqrt{(a+c)^2 + (b+d)^2}$$

$$\theta = \tan^{-1}\left(\frac{b+d}{a+c}\right)$$

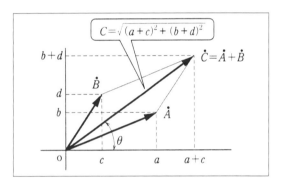

그림 1　벡터의 합

그리고 벡터의 합을 구하는 데는 **그림 1**에 나타냈듯이 $\dot{A}$와 $\dot{B}$에 의해 평행사변형을 만들고 그 대각선 $\dot{C}$를 긋고 이것을 벡터의 합으로 한다.

이 같이 해서 벡터를 구하는 것을 **평행사변형법**이라 한다.

2　벡터의 차

복소수 $\dot{A}$와 $\dot{B}$를 다음 식으로 표시할 수 있는 경우 그 차 $\dot{D}$를 구해 보자.

$$\dot{A} = a + jb, \quad \dot{B} = c + jd$$

$$\dot{D} = \dot{A} - \dot{B} = (a + jb) - (c + jd) = (a - c) + j(b - d)$$

벡터 $\dot{D}$의 크기 D와 편각 θ는 다음 식으로 표시된다.

$$D = \sqrt{(a-c)^2 + (b-d)^2}$$

$$\theta = \tan^{-1}\left(\frac{b-d}{a-c}\right)$$

벡터의 차 $\dot{D}$를 구하려면 **그림 2**와 같이 생각하여 우선 $\dot{B}$의 원점 O에 관한 점 대상 $-\dot{B}$를 구하고 다음에 $\dot{A}$와 $-\dot{B}$의 합을 구하면 된다.

$$\dot{D} = \dot{A} - \dot{B} = \dot{A} + (-\dot{B})$$

또한 벡터의 차 $\dot{D}$를

$$\dot{D} = (a+jb) + (-c-jd)$$

라 하면 벡터의 차는 합으로 구할 수 있다.

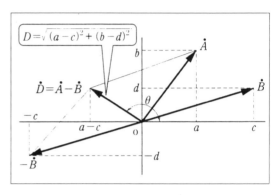

그림 2 벡터의 차

---

3 벡터의 곱

복소수 $\dot{A}$와 $\dot{B}$가 다음 식으로 표시되는 경우 그 곱 $\dot{E}$를 구해 보자.

$$\dot{A} = A\angle\alpha, \quad \dot{B} = B\angle\beta$$

$$\dot{E} = \dot{A} \cdot \dot{B} = (A\angle\alpha), \ (B\angle\beta)$$

$$= A \cdot B\angle(\alpha+\beta)$$

(왜냐 하면 지수 함수의 공식 $\varepsilon^{j\alpha} \cdot \varepsilon^{j\beta} = \varepsilon^{j(\alpha+\beta)}$이고 $\angle\alpha = \varepsilon^{j\alpha}$, $\angle\beta = \varepsilon^{j\beta}$이므로 그 곱은 $\angle\alpha \cdot \angle\beta = \varepsilon^{j(\alpha+\beta)}$, 따라서 $(A\angle\alpha) \cdot (B\angle\beta) = A \cdot B\angle(\alpha+\beta)$가 된다)

따라서 곱 $\dot{E} = E\angle\theta$는

$$\dot{E} = E\angle\theta = A \cdot B\angle(\alpha+\beta)$$

따라서 $E = A \cdot B$, $\theta = \alpha+\beta$가 된다.

이상에 의해 「벡터 $\dot{A}$와 $\dot{B}$의 곱의 벡터 크기 E는 2개의 벡터 크기의 곱 $A \cdot B$가 되며 편각 θ는 2개의 벡터 편각의 합 $\alpha + \beta$와 같다」고 할 수 있다.

벡터 $\dot{A}$, $\dot{B}$, $\dot{E}$의 관계를 **그림 3**에 나타내었다.

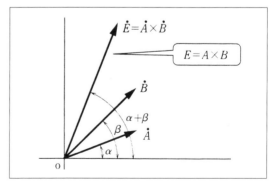

그림 3 벡터의 곱

4	**벡터의 몫**

복소수 $\dot{A}$와 $\dot{B}$가 다음 식으로 표시되는 경우 그 몫 $\dot{F}$를 구해 보자.

$$\dot{A} = A \angle \alpha, \quad \dot{B} = B \angle \beta$$

$$\dot{F} = \frac{\dot{A}}{\dot{B}} = \frac{A \angle \alpha}{B \angle \beta} = \frac{A}{B} \angle (\alpha - \beta)$$

(왜냐히면 지수 함수의 공식 $\dfrac{\varepsilon^{j\alpha}}{\varepsilon^{j\beta}} = \varepsilon^{j\alpha} \cdot \varepsilon^{j\beta} = \varepsilon^{j(\alpha - \beta)}$ 이고

$$\frac{\angle \alpha}{\angle \beta} = \frac{\varepsilon^{j\alpha}}{\varepsilon^{j\beta}} = \varepsilon^{j(\alpha - \beta)} = \angle \alpha - \beta)$$

따라서 몫 $\dot{F} = F \angle \theta$는

$$\dot{F} = F \angle \theta = \frac{A}{B} \angle (\alpha - \beta)$$

따라서 $F = A/B$, $\theta = \alpha - \beta$가 된다. 이상에 의해 「벡터 $\dot{A}$를 $\dot{B}$로 나눈 몫의 벡터 크기 F는 몫 A/B가 되고 편각 θ는 2개의 편각의 차 $\alpha - \beta$와 같다」고 할 수 있다.

벡터 $\dot{A}, \dot{B}, \dot{F}$의 관계를 **그림 4**에 나타내었다.

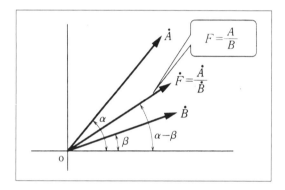

그림 4 벡터의 나누기

Let's review

1. $\dot{A} = 3 + j4$, $\dot{B} = 5 + j6$에 대해서 다음 물음에 답하라.

   (1) 합의 벡터 $\dot{C}$의 크기와 편각을 구하라.

   (2) 차의 벡터 $\dot{D}$의 크기와 편각을 구하라.

2. $\dot{A} = 6 \angle \pi/6$, $\dot{B} = 3 \angle \pi/3$에 대해서 다음 물음에 답하라.

   (1) 곱의 벡터 $\dot{E}$의 크기와 편각을 구하라.

   (2) 몫의 벡터 $\dot{F}$의 크기와 편각을 구하라.

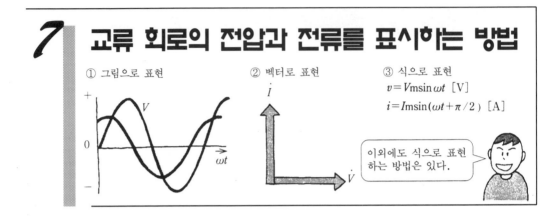

교류 회로의 전압과 전류를 표시하는 방법

① 그림으로 표현 ② 벡터로 표현 ③ 식으로 표현

$$v = Vm\sin\omega t \ [V]$$
$$i = Im\sin(\omega t + \pi/2) \ [A]$$

이외에도 식으로 표현하는 방법은 있다.

1 회전하는 벡터

그림 1에 나타냈듯이 크기가 $V[V]$, 편각이 $\alpha[rad]$인 벡터 $\dot{V}$가 점 O를 중심으로 반시계 방향으로 각 주파수 ω $[rad/s]$로 회전하고 있다.

시간을 $t[s]$라 하면 ωt의 단위는 라디안$[rad]$이 되며 이것은 각도를 표시한다. 이 회전하고 있는 벡터는 다음 식으로 구할 수 있다.

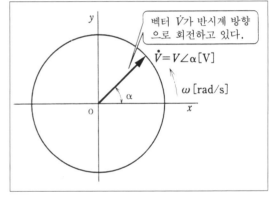

벡터 $\dot{V}$가 반시계 방향으로 회전하고 있다.

$$\dot{V} = V\angle\alpha [V]$$

$\omega \ [rad/s]$

그림 1 회전하는 벡터

$$\dot{V} = V\angle(\omega t + \alpha)[V] \quad (1)$$

여기서 $t=0$일 때 식 (1)은 다음과 같다.

$$\dot{V} = V\angle\alpha [V] \tag{2}$$

이상은 교류 전압의 벡터에 대해서이며 전류에 대해서도 같은 식으로 나타낼 수 있다. 즉, 크기가 $I[A]$, 편각이 $\beta[rad]$인 교류의 벡터 $\dot{I}$는 다음과 같다.

$$\dot{I} = I\angle(\omega t + \beta)[A] \tag{3}$$

$t=0$일 때 식 (3)은 다음 식과 같다.

$$\dot{I} = I\angle\beta [A] \tag{4}$$

2 벡터 $\dot{V}$의 y축 성분의 변화

그림 2의 파형은 식 (1)로 표시된 벡터 $\dot{V}$의 y축 성분을 각도 $\omega t[rad]$에 대해서 표시한 그래프이며 사인파가 된다. 최대값이 $V_m[V]$, 초기 위상이 $\beta[rad]$이므로 이 사인파 교

류 전압 v[V]는 다음 식으로 표시된다.

$$v = V_m \sin(\omega t + \alpha) \, [\text{V}] \qquad (5)$$

전류에 대해서도 동일한 형태로 표시할 수 있다. 즉, 최대값이 I_m[A], 초기 위상이 β[rad]인 교류 i[A]는 다음 식으로 표시된다.

$$i = I_m \sin(\omega t + \beta) \, [\text{A}] \qquad (6)$$

이상과 같이 회전하는 벡터의 식 (1)은 사인파 교류 전압의 식 (5)와 대응하고 있고 또 식 (3)은 식 (6)과 대응하고 있다.

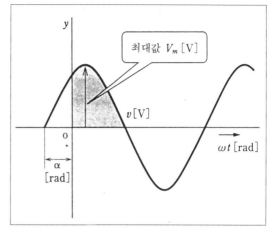

그림 2 · 벡터 $\dot{V}$의 y축 성분의 변화

3 순시값을 나타내는 식과 벡터를 나타내는 식

그림 2의 파형은 시간의 흐름에 따라 변화하고 있다. 즉, 시간 t에 의한 각도 ωt와 함께 변화한다. 이와 같이 시시 각각 바뀌는 값 v는 시간 또는 각도에 의해 얻어지며, 이것을 **순시값**이라 한다. 순시값 v나 i를 표시하는 식 (5), 식 (6)은 벡터를 표시하는 식과 다음과 같은 대응 관계가 있다.

$$
\begin{aligned}
v = V_m \sin(\omega t + \alpha) &\Leftrightarrow \dot{V} = V_m \angle (\omega t + \alpha) \\
i = I_m \sin(\omega t + \beta) &\Leftrightarrow \dot{I} = I_m \angle (\omega t + \beta)
\end{aligned}
\qquad (7)
$$

어느 형태의 표시 방법도 교류 회로에서는 사용되지만 더 간단한 표시 방법이 있다.

4 사인파 교류 전압 · 전류의 간단한 표시 방법

가정에 공급되고 있는 교류 전압은 100V이다. 이 값은 앞에서 배운 바와 같이 실효값이다. 또한 많이 사용되고 있는 교류 전압계나 교류 전류계도 실효값으로 눈금이 표시되어 있다.

이와 같이 교류 회로에서는 전압이나 전류를 나타내는 데 실효값이 사용된다. 그래서 교류 전압이나 교류를 벡터로 나타내는 경우, V_m, I_m 등의 최대값이 아니라 V, I 등의 실효값을 사용한다. 또, $(\omega t + \alpha)$나 $(\omega t + \beta)$와 같이 ωt와 같은 값은 항상 쓰여지고 있으므로 가능하면 생략하는 것이 좋다. 그래서 $t = 0$으로 함으로써 ωt를 생략하여 식을 간단히 만든다.

식 (7)의 벡터를 나타내는 식은 다음과 같다

$$\dot{V} = V\angle\alpha\,[\text{V}]\,, \quad \dot{I} = I\angle\beta\,[\text{A}]$$

5 사인파 교류 전압·전류를 다른 형태로 나타내는 방법

사인파 교류 전압의 벡터 $\dot{V} = V_m\angle\alpha$와 전류의 벡터 $\dot{I} = I_m\angle\alpha$를 삼각 함수 표시법으로 나타내면 다음과 같다.

$$\left.\begin{array}{l} \dot{V} = V_m\cos\alpha + jV_m\sin\alpha\,[\text{V}] \\ \dot{I} = I_m\cos\beta + jI_m\sin\beta\,[\text{A}] \end{array}\right\} \tag{8}$$

또한 실효값 V, I를 사용하면 식 (8)은 다음과 같다.

$$\left.\begin{array}{l} \dot{V} = \sqrt{2}\,V\cos\alpha + j\sqrt{2}\,V\sin\alpha\,[\text{V}] \\ \dot{I} = \sqrt{2}I\cos\alpha + j\sqrt{2}I\sin\alpha\,[\text{A}] \end{array}\right\} \tag{9}$$

6 j에 의한 벡터의 회전

크기 a, 편각 $\theta = \angle 0$인 벡터를 생각한다. 이 벡터에 j를 곱한 ja는 x축상의 벡터를 $\pi/2[\text{rad}]$만큼 반시계 방향으로 회전하여 y축상으로 옮겨지게 된다.

또, a를 j로 나눈 $a/j = ja$는 x축상의 벡터를 $\pi/2[\text{rad}]$만큼 시계 방향으로 회전한 것이라 생각할 수 있다. 또한 ja라는 벡터를 생각하고 이것에 j를 곱한 $ja \times j = j^2 a = -a$는 크기가 a, 편각이 $\pi[\text{rad}]$인 벡터이다.

즉, 이 벡터 ja는 반시계 방향으로 $\pi/2[\text{rad}]$만큼 회전한 것이 된다.

Let's review

1. 실효값 100V의 사인파 교류 전압이 있다. 주파수가 50Hz일 때 다음 물음에 답하라.

   (1) $v = \sqrt{2}\,V\sin 2\pi ft$ 의 형태로 표시하라.

   (2) $v = V_m\sin\omega t$ 의 형태로 표시하라.

   (3) $\dot{V} = V\angle\theta$ 형태로 표시하라.

2. 사인파 교류 전압은 시시 각각 변화하고 있다. 교류 전압을 나타내는 식에 시간을 대입하면 그때의 전압이 구해진다. 이 값을 무엇이라 하는가?

제7장의 요약

● 일본의 상용 주파수

가정이나 공장에서 사용되고 있는 교류 전원의 주파수를 상용 주파수라 한다. 일본의 상용 주파수는 **그림** 1과 같이 후지강을 경계로 동쪽은 50 Hz, 서쪽은 60 Hz이다.

이와 같이 주파수가 다른 것은 발전기를 수입할 때 유럽(50 Hz)과 미국(60 Hz) 2개 국가에서 수입했기 때문이다.

● 주파수의 단위 헤르츠[Hz]

헤르츠(Heinrich Rudolph Hertz 1857~1894년)는 독일의 물리학자. 1857년 2월 22일 함브르크에서 태어나 드레스덴 공업 대학에서 수학과 물리학을 전공했다. 1885년 칼스루에 공과 대학 실험 물리학 교수가 되었고 전기 진동에 대한 연구를 시작하였다. 헤르츠는 인덕션 코일에 흐르는 전류를 단속시켜 2차측에서 수 센티미터의 불꽃이 발생하도록 도체를 설치하는 등 연구·실험을 거듭하여 맥스웰이 예언한 전파의 존재를 명확히 밝혔다. 주파수의 단위 헤르츠[Hz]는 그의 전파에 관한 업적을 기리기 위해 붙여진 것이다.

그림 1 상용 주파수 분포

*Let's review*의 해답

▶ ⟨148면⟩

1. ① 수류　　② 변화한다
   ③ 방향과 크기　④ 시간
   ⑤ 1사이클

▶ ⟨151면⟩

1. 사인파 교류 기전력
2. V_m은 최대값, θ는 각도

▶ ⟨154면⟩

1. 0.01s, 40Hz
2. $v = 141.4 \sin 100\pi t$
3. 50Hz와 60Hz
4. 약 171.9°
5. 100π[rad/s] 또는 314[rad/s]

▶ ⟨157면⟩

1. 실효값은 100V, 평균값은 90.1V
2. 위상은 $\theta + 90°$, $\theta - 45°$. 초기 위상은
   90°, $-45°$. 위상차는 135°

▶ ⟨160면⟩

1. 2, $\dfrac{\pi}{6}$ [rad]
2. (1) $5\angle \dfrac{\pi}{3}$

   (2) $5(\cos \dfrac{\pi}{3} + j \sin \dfrac{\pi}{3})$

▶ ⟨163면⟩

1. (1) $2\sqrt{41}$, $\tan^{-1} \dfrac{5}{4}$

   (2) $2\sqrt{2}$, $\dfrac{5\pi}{4}$

2. (1) 18, $\dfrac{\pi}{2}$　(2) 2, $-\dfrac{\pi}{6}$

▶ ⟨166면⟩

1. (1) $v = 100\sqrt{2} \sin(100\pi t)$
   (2) $v = 141 \sin(100\pi t)$
   (3) $\dot{V} = 100\angle 0$
2. 순시값

제 8 장

교류에 대한 *R,L,C*의 작용과 3상 교류

교류 회로에 대한 방법을 배우는 데 있어 스타인메츠가 창안한 기호법은 매우 중요한 역할을 하였다.

스타인메츠(1865~1923년)는 미합중국의 전기학자이면서 전기기술자이다.

1865년 남독일의 시레시아에서 태어나 17세 때(1882년) 프레스토 대학에서 물리, 화학, 수학을 배웠다.

1889년 미국으로 건너가 전기기술자로 종사하면서 지속적으로 연구하여 1892년, 철이나 강의 히스테리시스 손실이 최대 자속밀도의 1.6제곱에 비례한다는 법칙을 발표했다.

또 스타인메츠는 교류 회로의 계산에 $a+jb$라는 복소수를 이용한 기호법을 도입하여 교류 기기를 설계하는 성과를 거두었다.

1915년 이후 유니온대학 전기공학교수로 재직하면서 GE사와의 관계를 유지해 교육과 산업의 동향을 반영하기 위해 노력했다.

이 장에서는 저항만 있는 회로, 자기 인덕턴스만 있는 회로, 정전 용량만 있는 회로에 교류 전압을 가했을 때 나타나는 전류와 전압을 조사하고 *RLC* 직렬 회로에 교류 전압을 가했을 경우 나타나는 현상에 관하여 학습한다.

또 교류 전력이나 3상 교류에 관해서도 배운다.

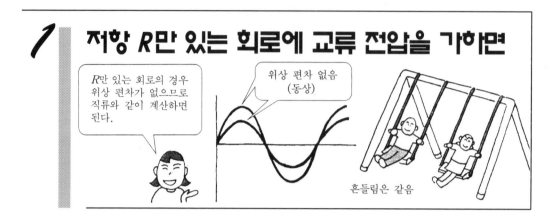

1 부하가 *R*만 있는 회로의 *e* [V]와 *v* [V]

그림 1과 같이 저항 $R[\Omega]$의 저항기에 기전력 $e[V]$의 교류 전원을 접속한다. 이 때 $R[\Omega]$의 양단에 발생한 전압 $v[V]$와 회로에 흐르는 전류 $i[A]$의 관계는 어떻게 될까?

교류 기전력의 순시값 $e[V]$는 다음과 같은 식으로 표현된다.

$$e = \sqrt{2}\,E\sin\omega t\ [V] \tag{1}$$

이 $e[V]$는 전원의 양단에 나타난다.

한편 $R[\Omega]$ 양단에 전압 $v[V]$는 다음과 같은 식으로 표현된다.

$$v = \sqrt{2}\,V\sin\omega t\ [V] \tag{2}$$

그런데 전원의 양단과 $R[\Omega]$ 양단은 같다. 따라서 $e = v$이기 때문에 $E = V$가 된다.

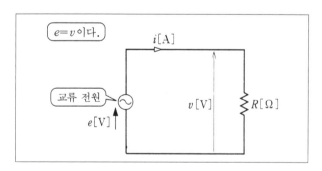

그림 1 저항만 있는 회로

2 부하에 흐르는 전류

부하 $R[V]$에 흐르는 전류 $i[A]$는 옴의 법칙에 의해 식 (2)를 R로 나누면 구할 수 있다.

$$i = \frac{v}{R} = \sqrt{2}\ \frac{V}{R}\ \sin \omega t\ [\text{A}] \tag{3}$$

전류 i [A]의 실효값을 I [A]라 한다면 식 (3)은 다음과 같이 표현된다.

$$i = \sqrt{2}\ I \sin \omega t\ [\text{A}]$$

따라서 전류의 실효값 I는 전압의 실효값 V와 다음과 같이 관계된다.

$$I = \frac{V}{R}\ [\text{A}] \tag{4}$$

식 (4)는 직류회로에서 부하 R [Ω]에 직류 전압 V [V]를 가했을 때 회로에 흐르는 전류 I [A]의 식과 같다. 이와 같이 교류회로에서도 저항만 있는 회로의 경우는 직류 회로와 같다고 보면 된다. 단 실효값 V, I를 사용한다.

그림 2는 전압과 전류의 파형을 나타내고 있다.

그림과 같이 0, π, 2π, 3π [rad]일 때 v와 i의 파형은 모두 0[V], 0[A]이며, $\pi/2$, $3\pi/2$, $5\pi/2$[rad]일 때 v와 i의 파형은 모두 최대값이 된다. v와 i는 동상이다. 이와 같이 저항뿐인 부하에 교류전압을 가했을 때 「전류와 전압은 동상이다」라고 말할 수 있다.

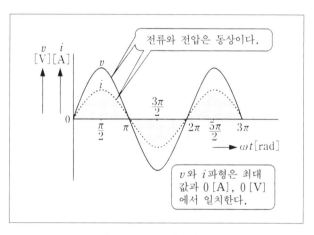

그림 2 전압과 전류의 파형

3 벡터 $\dot{V}$와 $\dot{I}$

식 (2)와 식(3)으로 표현된 전압 v와 전류 i의 벡터 $\dot{V}$, $\dot{I}$는 다음과 같은 식으로 표현된다.

$$\left. \begin{array}{l} \dot{V} = V \angle 0 = V\ [\text{V}] \\[2mm] \dot{I} = \dfrac{V}{R} \angle 0 = \dfrac{V}{R}\ [\text{A}] \end{array} \right\} \tag{5}$$

그림 3에는 전압과 전류의 벡터 $\dot{V}$와 $\dot{I}$를 평행선으로 나타냈지만 원점 0에서 겹쳐 그리는 방법도 있다. 다음에 전압의 벡터 $\dot{V}$와 전류의 벡터 $\dot{I}$, 저항 *R* 사이의 관계를 나타내 보도록 한다.

$$\left. \begin{array}{l} \dot{I} = \dfrac{\dot{V}}{R} \text{ [A]} \\[2ex] \dot{V} = R\dot{I} \text{ [V]} \\[2ex] R = \dfrac{\dot{V}}{\dot{I}} \text{ [Ω]} \end{array} \right\} \qquad (6)$$

$\dot{V}$와 $\dot{I}$는 모두 원점 0에서 시작되지만 그렇게 하면 겹치게 되므로 평행으로 그린다.

그림 3 전압과 전류의 벡터도

4 **교류의 계산**

그림 4 (a)는 저항 $R=10[Ω]$에 직류전압 $V=10[V]$를 가한 회로이다. 그림 4 (b)는 같은 저항에 교류전압 10V(실효값)를 가한 회로이다. 이 경우 회로에 흐르는 직류는 1A이고 교류도 1A가 된다. 그림 (a)와 (b)의 회로에는 같은 전류가 흐르게 된다.

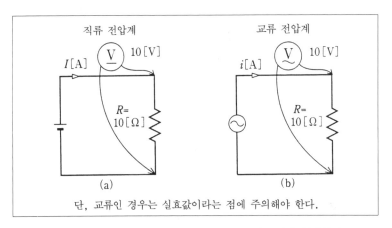

단, 교류인 경우는 실효값이라는 점에 주의해야 한다.

그림 4 *R*만 있는 회로에서는 직류와 교류는 같게 취급한다

Let's review

1. *R*만 있는 회로에 교류 전압 $v=100\sqrt{2}\sin\omega t[A]$를 가했다. 흐르는 전류 i [A]를 표현하는 식을 구하라. 단, *R*의 값은 10Ω이다.

2. $R=5[Ω]$에 실효값이 10V인 교류전압을 가했을 때 흐르는 전류을 구하라.

3. $R=25[Ω]$에 실효값이 3A인 교류가 흐르고 있을 때 *R* 양단의 전압을 구하라.

4. 어떤 저항 *R*에 실효값이 5 mA인 교류가 흐르고 있고 *R* 양단의 전압이 5V였다. 이 *R*의 값을 구하라.

인덕턴스 L만 있는 회로에 교류 전압을 가하면

코일(인덕턴스)은 교류에 대해 $X_L = 2\pi f L$[Ω]의 저항(리액턴스)을 가진다.

i는 v보다 90° 위상이 뒤진다

A 남자가 B 여자보다 90° 뒤지고 있다.

1 L만 있는 회로의 전류

그림 1과 같이 인덕턴스 L[H]의 코일에 흐르는 직류 전압과 교류 전압을 가했을 경우의 전류에 관하여 조사해 본다.

그림 1 (a)에서 직류 전압을 가했을 경우 전류는 2A이지만 그림 (b)에서 교류전압을 가했을 경우 전류는 0.02A였다. 이와 같은 교류 회로에서는 약간의 전류만 흐르게 된다. 이것은 인덕턴스가 교류의 흐름을 방해하는 작용을 하기 때문이다.

이미 학습한 바와 같이 인덕턴스에 흐르고 있는 전류가 변화하면 유도 기전력이 발생하여 전류의 흐름을 방해한다. 때문에 약간의 전류만 흐른다.

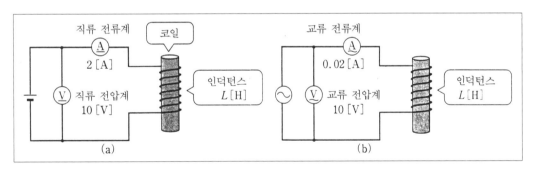

그림 1 L만 있는 회로의 전류

2 L에 발생하는 유도 기전력 e_L[V]

그림 1 (b)의 회로는 일반적으로 **그림 2**와 같은 기호를 사용하여 표현한다. 그림 2의 인덕턴스 L[H]에 교류 전압 v[V]를 가했을 때 전류 i[V]가 흐르면 L의 양단에 발생하는 유도 기전력(역기전력이라고도 함)은 다음과 같은 식으로 표현된다.

$$e_L = L \frac{\Delta i}{\Delta t} \ [\text{V}] \qquad (1)$$

단, $\Delta i / \Delta t$는 Δt [s]사이에 전류가 Δi [A]로 변화했다는 것을 표현하며 전류의 시간적 변화에 대한 전류의 비율이다. 그림 2에 나타난 바와 같이 가해진 전압 v와 평형을 이루는 $\Delta i / \Delta t$의 변화비율이 발생하므로 v와 e_L은 동등하다. 그래서 **그림 3**에 나타낸 전류 i의

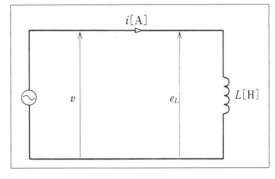

그림 2 *L*만 있는 회로

시간에 대한 변화비율을 구하고 그것을 그래프로 나타내면 v의 파형이 얻어진다.

3 전압과 전류의 파형과 벡터도

그림 3에서 변화비율이 최대인 점을 조사하면 원점 0, ②, ④가 된다. 다음에 변화비율이 0인 곳을 조사하면 ①, ③이 된다. 또한 변화비율이 0~최대인 지점을 조사하여 그래프를 그리면 파선의 파형 v가 얻어진다. 그 결과 전류 i의 위상은 전압 v보다 뒤지게 된다.

그림 4에서와 같이 i는 v보다 $\pi/2$[rad]만큼 뒤지게 된다.

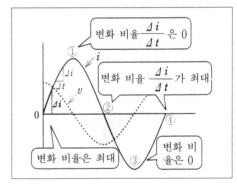

그림 3 전류의 위상이 전압보다 뒤지는 까닭

즉, 「인덕턴스에 교류 전압을 가할 때 전류의 위상은 전압보다 $\pi/2$[rad](90°) 뒤진다」라고 말할 수 있다.

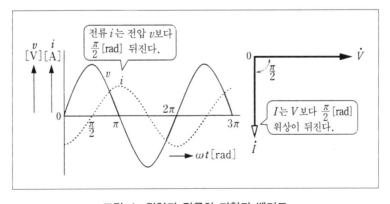

그림 4 전압과 전류의 파형과 벡터도

그림 4 (오른쪽)는 전압의 벡터 $\dot{V}$와 전류의 벡터 $\dot{I}$를 위상관계를 포함하여 나타낸 벡터도이다. 일반적으로 전압 $\dot{V}$를 기준으로 나타낸다.

4 유도성 리액턴스

각주파수 ω[rad/s]의 전압 $v=\sqrt{2}\,V$ $\sin \omega t$를 인덕턴스 L에 가하면 인덕턴스는 ωL[Ω]로 작용해 전류를 방해한다.

이 값을 **유도성 리액턴스**라 하며 X_L로 표현한다(**그림 5**).

흐르는 전류 i와 X_L은 다음과 같은 식으로 표현된다.

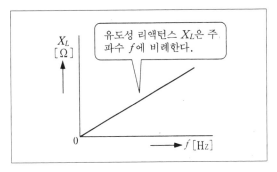

그림 5 유도성 리액턴스

$$\left.\begin{array}{l} i = \sqrt{2}\,\dfrac{V}{X_L}\sin\left(\omega t - \dfrac{\pi}{2}\right)\text{[A]} \\[2mm] X_L = \omega L = 2\pi f L\,\text{[Ω]} \end{array}\right\} \tag{5}$$

식 (2)에서 $-\pi/2$는 전류의 지연각이다. 전압의 벡터를 $\dot{V}$, 전류의 벡터를 $\dot{I}$로 하면

$$\dot{V} = V\angle 0 = V\,\text{[V]}$$

$$\dot{I} = \frac{V}{\omega L}\angle -\frac{\pi}{2} = \frac{V}{\omega L\angle \pi/2} = \frac{V}{j\omega L}\,\text{[A]}$$

또 $\dot{V}$, $\dot{I}$, jX_L의 사이에는 다음과 같은 관계가 있다.

$$\dot{I} = \frac{\dot{V}}{jX_L}, \quad \dot{V} = jX_L \cdot \dot{I}, \quad jX_L = \frac{\dot{V}}{\dot{I}}$$

Let's review

1. 다음 문장의 (   ) 안에 적절한 용어를 넣어라.
   (1) 인덕턴스 L만 있는 회로에 교류 전압을 가하면 전류가 흐르지만 이 때 인덕턴스는 전류의 흐름을 방해하는 작용을 한다. 이것을 (①)라 한다.
   (2) 인덕턴스만 있는 회로에 흐르는 전류의 위상은 전압보다 (②)만큼 (③).
2. 인덕턴스 10 mH에 50 Hz의 전압을 가했다. 유도성 리액턴스를 구하라.

정전 용량 C만 있는 회로에 교류 전압을 가하면

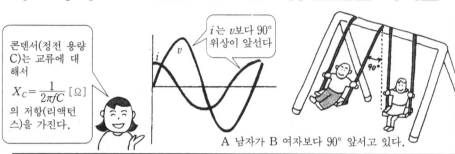

콘덴서(정전 용량 C)는 교류에 대해서

$$X_C = \frac{1}{2\pi fC} \ [\Omega]$$

의 저항(리액턴스)을 가진다.

*i*는 *v*보다 90°
위상이 앞선다

A 남자가 B 여자보다 90° 앞서고 있다.

1 *C*만 있는 회로의 전류

그림 1과 같이 정전 용량 *C* [F]의 콘덴서에 직류 전압과 교류 전압을 가했을 경우 전류에 관하여 조사해 본다.

그림 (a)에서 직류 전압을 가했을 경우 전류는 흐르지 않는다. 왜냐하면 전원의 −측에서 나온 전자는 콘덴서를 통해서 +측으로 가려 하지만 콘덴서에서 정지해 버리기 때문이다. 그런데 그림 1 (b)에서 교류 전압을 가했을 경우 0.2A의 전류가 흐른다. 이것은 교류 전압의 방향이 바뀌어 전원으로부터 전자가 콘덴서를 충전하거나 방전을 반복하기 때문에 전류가 흐르는 것이다.

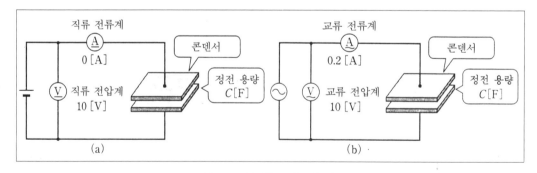

그림 1 *C*만 있는 회로의 전류

2 *C*에 축적되는 전하

그림 2와 같이 정전 용량 *C* [F]에 교류 전압 *v* [V]를 가하면 전하 *q* [C]의 충방전이 일어난다. 직류 전압 *V*를 정전 용량 *C*에 가했을 때 축적되는 전하 *Q* = *CV* [C]였다. 교류의 경우도 같은 형태로 다음과 같은 식으로 표현된다.

$$q = Cv \, [\text{C}] \qquad (1)$$

식 (1)에서 C는 비례 상수로 일정하기 때문에 q는 v에 비례한다고 할 수 있다.

그림 3에서 화살표로 나타낸 교류 전압 v가 콘덴서에 가해지면 전하 q가 변화한다. q의 변화는 v와 동상으로 그림과 같이 된다. q의 시간적 변화에 대한 변화비율이 전류 i이다.

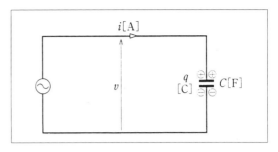

그림 2 C만 있는 회로

$$i = \frac{\Delta q}{\Delta t} \, [\text{A}]$$

이로부터 그림 3에 나타낸 전하의 변화 비율을 구하여 그래프로 나타내면 파형이 얻어진다.

3 전압과 전류의 파형과 벡터도

그림 3에서 변화 비율이 최대인 점을 조사하면 원점 0, ②, ④가 된다. 또한 변화 비율이 0인 곳을 조사하면 ①, ③이 된다. 또한 변화비율이 0~최대인 지점을 조사하여 그래프를 그리면 파선의 파형 i가 얻어진다.

그림 4에서 i는 v보다 $\pi/2 \, [\text{rad}]$만큼 앞서간다. 즉, 「정전 용량에 교류 전압을 가했을 때 흐르는 전류는 전압보다 $\pi/2 \, [\text{rad}](90°)$ 앞선다」고 할 수 있다. 그림 4 (오른쪽)는 전압의 벡터 $\dot{V}$와 전류의 벡터 $\dot{I}$를 나타낸 벡터도이다.

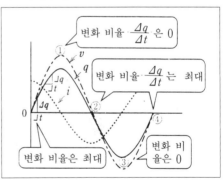

그림 3 전류의 위상이 전압보다 앞서는 까닭

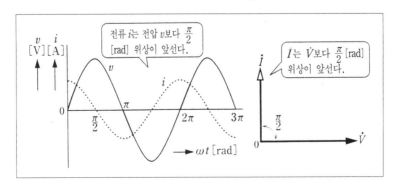

그림 4 전압과 전류의 파형과 벡터도

4 용량성 리액턴스

각주파수 $\omega\,[\text{rad/s}]$의 전압 $v=\sqrt{2}\,V\sin\omega t$를 정전 용량 C에 가하면 정전 용량은 $1/\omega C\,[\Omega]$으로 작용해 전류를 방해하는 동시에 전류의 위상을 $\pi/2\,[\text{rad}]$만큼 전압보다 앞서게 한다.

이 전류를 방해하는 작용을 **용량성 리액턴스**라 하며 **그림 5**에 나타난 바와 같이 용량 리액턴스 X_C는 주파수 f에 반비례한다.

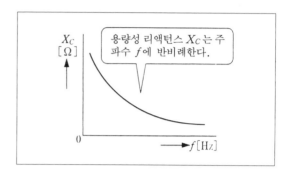

용량성 리액턴스 X_C는 주파수 f에 반비례한다.

그림 5 **용량성 리액턴스**

따라서 전류 i와 X_C는 다음과 같이 같은 식으로 표현할 수 있다.

$$\left.\begin{array}{l} i=\sqrt{2}\,\dfrac{V}{X_C}\,\sin\left(\omega t+\dfrac{\pi}{2}\right)\,[\text{A}] \\[2mm] X_C=\dfrac{1}{\omega C}=\dfrac{1}{2\pi fC}\,[\Omega] \end{array}\right\} \tag{2}$$

전압의 벡터 $\dot{V}$, 전류의 벡터 $\dot{I}$는 다음과 같은 식으로 표현할 수 있다.

$$\dot{V}=V\angle 0=V\,[\text{V}]$$

$$\dot{I}=\omega CV\angle\frac{\pi}{2}=j\omega CV=\frac{V}{-j\dfrac{1}{\omega C}}\,[\text{A}]$$

또 $\dot{V},\ \dot{I},\ -jX_C$의 사이에는 다음과 같은 관계가 있다.

$$\dot{I}=\frac{\dot{V}}{-jX_C},\quad \dot{V}=-jX_C\cdot\dot{I},\quad -jX_C=\frac{\dot{V}}{\dot{I}}$$

Let's review

1. 정전 용량이 전류를 방해하는 작용을 무엇이라 하는가?

2. 50Hz, 120V의 교류 전압이 정전 용량 $88.4\,\mu\text{F}$에 가해졌을 때 다음 값을 구하라.

   (1) 용량성 리액턴스 X_L

   (2) 전류 I

   (3) 전류의 위상

RLC 직렬 회로

> 병렬 회로는 라디오 수신기로 전파를 받는 데에 필요한 회로이다.

안테나

가변 콘덴서

1 *RLC* 직렬 회로의 V_R, V_L, V_C의 관계

그림 1과 같이 저항 R, 인덕턴스 L, 정전 용량 C를 직렬로 접속한 회로를 *RLC* **직렬 회로**라 한다.

지금 RLC의 직렬 회로에 전압 $v=\sqrt{2}\,V\sin\omega t$를 가하면 R, L, C 각각의 소자 양단에 전압이 발생된다.

발생된 전압과 전원의 전압을 실효값으로 표현하고 V_R, V_L, V_C, V로 하여 교류 전압계로 측정했더니 $V_R=40[\text{V}]$, $V_L=60[\text{V}]$, $V_C=30[\text{V}]$, $V=50[\text{V}]$였다. 즉 $V_R + V_L + V_C$가 같지 않다.

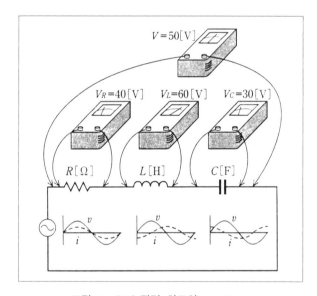

그림 1 *RLC* 직렬 회로의 V_R, V_L, V_C

어째서 같지 않은 것일까. 그 이유는 인덕턴스나 정전 용량에 교류 전압을 가했을 때 흐르는 전류의 위상이 엇갈리기 때문이다. 그래서 이 이유를 명백히 알기 위해 LC 직렬 회로의 V_L과 V_C의 관계를 조사해 보기로 하자.

2 *LC* 직렬 회로의 V_L, V_C의 관계

그림 2 (a)의 LC 직렬 회로에서 ωL과 $1/\omega C$는 모두 **리액턴스**라 불리는데 위상을 포함하면 $j\omega L$과 $-j(1/\omega C)$로 되어 ωL은 $90°$ 앞서고 $1/\omega C$는 $90°$ 뒤지는 성질이 있다.

따라서 전체의 리액턴스를 X라 한다면 X는 다음과 같은 식으로 표현된다.

$$X = \omega L - \frac{1}{\omega C} \ [\Omega]$$

그런데 ωL이나 $(1/\omega C)$에 전류 I가 흘러 V_L, V_C가 발생하지만 리액턴스가 위에서 상술한 성질을 지니고 있기 때문에 $V_L - V_C$가 회로에 가해진 전압 V와 같게 된다.

이러한 것을 벡터로 표현하면 그

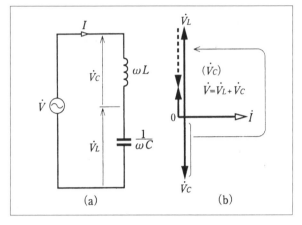

그림 2 *LC* 직렬 회로와 벡터도

림 2 (b)가 된다. 그림과 같이 벡터 $\dot{V}_L$과 $\dot{V}_C$는 방향이 반대가 되어 크기의 차가 $\dot{V}$가 된다. 「차」이기는 하지만 벡터의 식은 $\dot{V} = \dot{V}_L + \dot{V}_C$가 된다는 점에 주의해야 한다.

3 *RLC* 직렬 회로의 $\dot{V}_R$, $\dot{V}_L$, $\dot{V}_C$와 직렬 공진

그림 3에서 *RLC*의 직렬 회로에 전압 $\dot{V}$를 가했을 때 전류 $\dot{I}$가 흘렀다. 이 경우 위상을 표함하면 가해진 전압 $\dot{V}$는 다음과 같다.

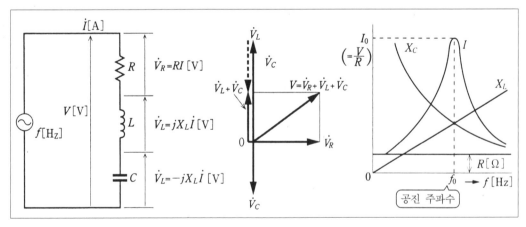

그림 3 *RLC*의 직렬 회로　　　그림 4 *RLC* 직렬 회로의 벡터도　　　그림 5 직렬 공진

$$\dot{V} = \dot{V}_R + \dot{V}_L + \dot{V}_C$$
$$= R\dot{I} + jX_L\dot{I} - jX_C\dot{I} = \{R + j(X_L - X_C)\}\dot{I}$$
$$= \dot{Z}\dot{I} = (Z\angle\theta)\dot{I}$$

여기서

$$Z = \sqrt{R^2 + (X_L - X_C)^2}$$

$$\theta = \tan^{-1} \frac{X_L - X_C}{R}$$

이상의 관계를 벡터도로 나타낸 것이 **그림 4**이다.

그림 3의 *RLC* 직렬 회로에서 전원의 주파수를 바꾸면 리액턴스 X_L, X_C 의 값이 바뀌고 전류 I 도 바뀐다. 왜냐하면 전류 I 는 다음과 같으며 주파수 f 와 관계가 있기 때문이다.

$$I = \frac{V}{Z} = \frac{V}{\sqrt{R^2 + (X_L - X_C)^2}}$$

$$= \frac{V}{\sqrt{R^2 + (2\pi f L - \frac{1}{2\pi f C})^2}}$$

이 식에서 분모 2개의 리액턴스가 동등할 때 임피던스 Z 는 R 만 남게 되어 전류는 최대가 된다. 이러한 현상을 **직렬 공진**이라 하며 이때의 주파수를 **공진 주파수**라 한다 (**그림 5**).

공진 주파수 f_0 는 다음과 같이 구한다.

$$2\pi f_0 L = \frac{1}{2\pi f_0 C}$$

따라서

$$\boxed{f_0 = \frac{1}{2\pi \sqrt{LC}} \ [\text{Hz}]} \tag{1}$$

공진 회로에는 L 과 C 를 병렬로 접속한 병렬 공진 회로가 있고 그 공진 주파수 f_0 는 식 (1)과 같은 식으로 주어진다. 라디오나 TV의 선국에는 이 병렬 공진 회로가 사용된다.

Let's review

1. *RLC* 직렬 회로에서 각 소자의 양단의 전압을 측정했더니 $V_R = 60[\text{V}]$, $V_L = 120[\text{V}]$, $V_C = 40[\text{V}]$ 이었다. 전전압 V 를 구하라.

2. *RLC* 직렬 회로에서 $R = 40[\Omega]$, $X_L = 70[\Omega]$, $X_C = 40[\Omega]$ 이었다. 임피던스 Z 를 구하라.

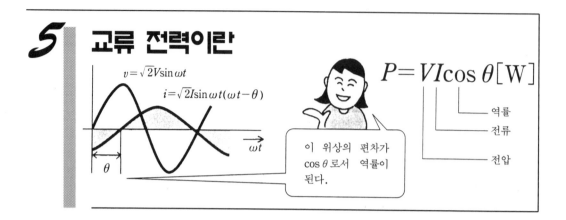

5 교류 전력이란

1 다양한 부하의 교류 전력

그림 1은 히터, 콘덴서, 철심에 감긴 코일의 3가지 부하에 전압을 가했을 때 교류 전력을 측정하고 있는 그림이다.

그림 1 (a)는 히터의 경우로 전압 100V, 전류 1A로 전력이 100W이다. 이것은 직류인 경우의 계산(전력=전압×전류)과 같다.

이와 같이 히터(전구도)는 저항만 생각하면 된다.

그런데 그림 1 (b)와 같이 콘덴서만 있는 회로의 경우에는 전압 100V, 전류 2A에서 전력은 0W이다.

또한 그림 1 (c)와 같이 철심에 감긴 코일의 경우 전압 100V, 전류 3A에서 전력 100 ×3=300[W]가 아니라 50W이다.

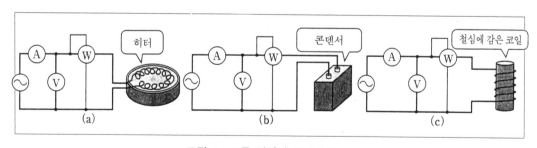

그림 1 교류 전력과 부하의 종류

2 콘덴서만 있는 교류 전력

콘덴서에 교류 전압 v를 가했을 때 흐르는 전류 i는 **그림** 2와 같은 위상 관계(i가 v 보다 90° 앞섬)가 된다는 것은 이미 학습했다.

교류 전력 p[W]는 교류의 저압 v[V]와 전류 i[A]의 곱이기 때문에 그림 2에서 각 각도 v의 순시값과 i의 순시값의 곱을 구하여 그래프로 나타내면 $p=vi$인 파형이 된다.

이 파형을 조사하면 플러스(+)의 반파와 마이너스(−) 반파의 면적이 같다. 즉 양의 전력과 음

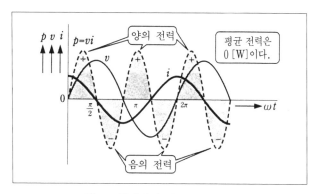

그림 2 콘덴서만 있는 회로의 전력

의 전력이 같아 평균은 0이 된다. 이것은 양의 전력일 때 전원에서 얻은 전력을 축적해 놓고 음의 전력일 때 전원측으로 되돌린다는 것을 의미한다. 인덕턴스만 있는 경우도 마찬가지이다.

3 철심에 감긴 코일의 교류 전력

철심에 감긴 코일은 **그림 3**에 나타낸 바와 같이 R과 L의 직렬 회로가 된다. 어떠한 코일이든지 코일을 만드는 도선에는 저항이 있으므로 인덕턴스 L만 있는 코일은 존재하지 않는다.

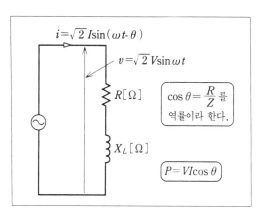

그림 3 RL 직렬 회로의 전력 P와 역률 $\cos\theta$

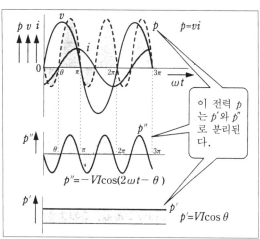

그림 4 교류 전력 $p=p'+p''$

그렇다면 RL 직렬 회로에 전압 $v=\sqrt{2}\,V\sin\omega t$[V]를 가했을 때 전류 $i=\sqrt{2}\,I\sin(\omega t-\theta)$[A]가 흘렀다고 하고 교류 전력 p[W]를 구한다.

$$p = vi$$

$$= \sqrt{2}\,V\sin\omega t \cdot \sqrt{2}\,I\sin(\omega t - \theta)$$

$$= 2VI\sin\omega t \cdot \sin(\omega t - \theta)$$

$$= \underbrace{VI\cos\theta}_{\text{직류분 } p'} - \underbrace{VI\cos(2\omega t - \theta)}_{\text{교류분 } p''} \tag{1}$$

[공식 $2\sin\alpha \cdot \sin\beta = \cos(\alpha - \beta) - \cos(\alpha + \beta)$로 부터]

이 p를 **순시 전력**이라 하며 식 (1)과 같이 직류분 p'와 교류분 p''로 나뉜다.

그림 4는 식 (1)의 관계를 나타낸 것으로 유효한 전력(**유효 전력**, **소비 전력**이라 한다)은 p'로서 일반적으로 P로 표현된다. p''는 평균하면 0이 된다. 그래서 P는 다음과 같은 식이 된다.

$$\boxed{P = VI\cos\theta\,[\text{W}]} \tag{2}$$

식 (2)의 $\cos\theta$를 역률이라 하며 다음과 같은 식으로 표현된다.

$$\boxed{\cos\theta = \frac{P}{VI},\ \cos\theta = \frac{R}{Z}\ \ (\text{단, } Z = \sqrt{R^2 + X_L{}^2})} \tag{3}$$

4 피상 전력과 무효 전력

VI를 **피상 전력**이라 하며 기호 S로 표현한다. 단위는 [VA(볼트암페어)]이다. $VI\sin\theta$를 **무효 전력**이라 하며 기호는 Q로 표현한다. 단위는 [var(바)]가 사용된다.

P, Q, S의 관계를 **그림 5**에 나타내었다.

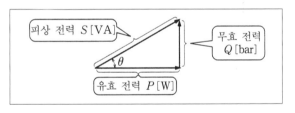

그림 5 P, Q, S의 삼각형

유효 전력 P는 단순히 **전력**이라고도 하며 단위는 [W(와트)]이다.

Let's review

1. 전압이 100V, 전류가 5A, 역률이 0.8일 때 유효 전력을 구하라.

2. 전압이 200V, 전류가 2A, θ가 60°일 때 다음 값을 구하라.

   (1) 피상 전력   (2) 유효 전력

   (3) 무효 전력   (4) 역률 [힌트 $\sin 60° = 0.866$]

1 3상 교류의 개념

지금까지 기술해 온 교류는 전원이 하나였다. 가정의 조명이나 전기 장치는 이러한 교류이며 **단상 교류**라 한다.

한편 공장 등에서는 전선 3개의 교류가 사용되고 있다. 이러한 교류를 **3상 교류**라 한다.

그림 1은 3상 교류의 개념을 나타내고 있다. 그림 1 (a)는 3개의 단상 교류가 같은 부하에 흐르고 있는 것이다. 이 3개의 단상 교류를 하나로 통합하여 표현한 것이 그림 1 (b)이다. 이와 같이 3상 교류는 3개의 전원을 가지고 3개의 전선으로 부하에 전류를 흘려 보낸다. 그렇다면 3상 교류의 전원의 기전력은 어떻게 해서 발생하는 것일까.

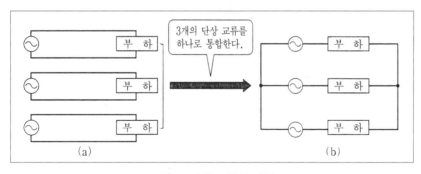

그림 1   3상 교류의 개념

2 3상 교류 발전기의 원리

그림 2에 3상 교류 발전기의 원리도를 나타내었다. 3개가 같은 형인 코일을 자계 속에 놓고 이것을 회전시키면 각각의 코일에 기전력이 발생한다. 이 3개의 기전력을 e_a, e_b, e_c로 하고 파형을 그리면 **그림 3**과 같다.

각각의 기전력은 120°씩 위상이 엇갈리는데 코일 ⓐ, ⓑ, ⓒ가 120°씩 엇갈려서 조합되고 있기 때문이다.

그림 3과 같은 위상 관계에 있는 3개의 기전력을 **대칭 3상 교류 기전력** 또는 **3상 교류 기전력**이라 하며 이러한 기전력을 만드는 전원을 **3상 교류 전원**이라 한다.

또한 3상 교류 기전력 e_a, e_b, e_c에 의해 발생하는 전압을 **상전압**이라 하며 $e_a \rightarrow e_b \rightarrow e_c$의 순으로 파형이 변화하는 순서를 **상순**이라 한다.

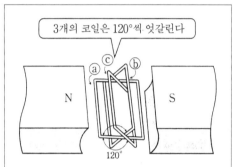

그림 2 3상 교류 발전기의 원리

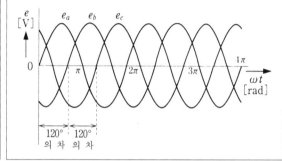

그림 3 3상 교류 기전력

3 3상 교류 기전력의 벡터

3상 교류 기전력 e_a, e_b, e_c를 수식으로 나타내는 방법에는 순시값 표시, 극좌표 표시, 직각 좌표 표시가 있다. 순시값은 다음과 같은 식으로 표시된다.

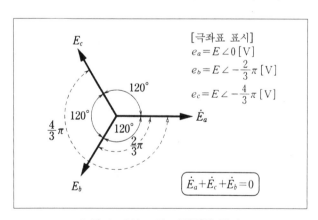

그림 4 3상 교류 기전력의 벡터

$$e_a = \sqrt{2}\, E \sin \omega t \,[\text{V}]$$

$$e_b = \sqrt{2}\, E \sin \left(\omega t - \frac{2}{3}\pi \right) [\text{V}]$$

$$e_c = \sqrt{2}\, E \sin\left(\omega t - \frac{4}{3}\,\pi\right)\,[\mathrm{V}]$$

이상에서 e_a, e_b, e_c 를 벡터 $\dot{E}_a$, $\dot{E}_b$, $\dot{E}_c$ 로 표현하면 **그림 4**의 벡터도가 된다.

4   **3상 교류의 합성**

3상 교류를 합성하면 0이 된다, 이러한 성질은 3상 교류를 다루는데 대단히 중요한 의미를 가진다. 즉 3상 교류 전원과 3개의 부하를 접속할 때, 그 결선의 하나를 생략할 수 있다.

여기서는 **그림 5**를 가지고 조사하기로 했다. 그림 5 (a)의 파형 ⓐ, ⓑ, ⓒ는 각각 위상이 120°씩 엇갈리고 있다. 먼저 파형 ⓐ와 ⓑ를 합성(그림의 위에서 +측과 −측의 높이 차만큼 작성한다)하면 ⓓ가 얻어진다(그림 5 (b)).

다음에 ⓓ와 ⓒ를 비교해 보면 2개의 파형은 180°씩 엇갈리고 있으므로 +측과 −측은 면적이 같게 되어 합성하면 0이 된다. 즉 3상 교류 ⓐ, ⓑ, ⓒ를 합성하면 0이 된다.

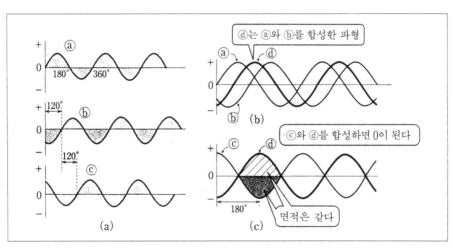

그림 5   3상 교류를 합성하면 0이 된다

Let's review

1. 다음 문장의 (　) 안에 적절한 용어를 넣어라.

　　3상 교류 기전력 e_a, e_b, e_c는 각각 (①)° 또는 (②)[rad] 위상이 엇갈리고 있으므로 극좌표 표시로는 $e_a = E\angle($ ③ $)$, $e_b = E\angle($ ④ $)$, $e_c = E\angle($ ⑤ $)$와 같이 표현할 수 있다. 또 3상 교류를 합성하면 (⑥)이 된다.

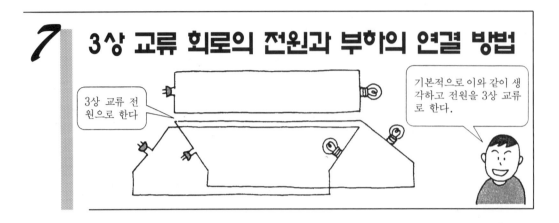

3상 교류 회로의 전원과 부하의 연결 방법

1 전원의 연결 방법과 부하의 연결 방법

3상 교류 전원으로 부하에 전류를 흘려 보내는 회로를 **3상 교류 회로**라 한다. 부하의 연결 방법에는 **그림 1**에 나타낸 바와 같이 Y(스타)결선과 △(델타) 결선이 있다. 그림 1 (a)는 **Y결선** 또는 **성형 결선**이라 하며 점 N을 **중성점**이라 한다. 또 그림 (b)는 **△결 선** 또는 **3각 결선**이라 한다.

이상은 전원의 연결 방법으로 부하도 마찬가지로 **그림 2**와 같이 된다.

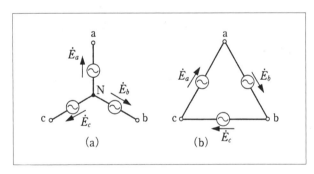

그림 1 전원의 연결 방법

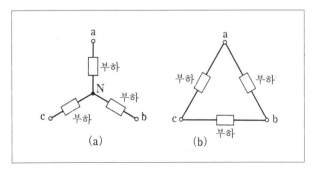

그림 2 부하의 연결 방법

2 3상 교류 회로(Y−Y)의 전선 수

그림 3과 같이 전원측과 부하측의 연결 방법을 Y결선으로 한 회로를 **Y−Y회로**라한다. 3상 교류는 단상 교류 3조를 집합해 놓은 것으로 볼 수 있으므로 그림 3 (a)와 같이 된다.

그림 3 (a)에서 $O-O'$사이는 1개로 통합할 수 있다. 이 선을 **중성선**이라 한다. 그런데 3상 교류 기전력 $\dot{E}_a$, $\dot{E}_b$, $\dot{E}_c$의 합은 0이다.

따라서 전류 $\dot{I}_a$, $\dot{I}_b$, $\dot{I}_c$의 합도 0이다. 즉 중성선에는 전류가 흐르지 않기 때문에 이것을 생략하면 그림 3 (b)와 같은 회로가 된다.

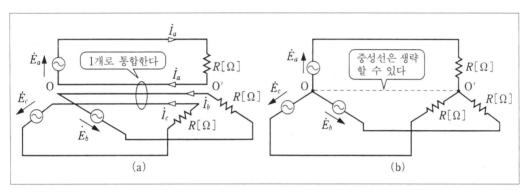

그림 3 Y−Y 회로의 결선

3 △−△ 회로의 전선 수

그림 4와 같이 전원측과 부하측의 연결 방법을 △결선으로 한 회로를 **△−△ 회로**라한다. 그림 (a)와 같이 6개의 전선 가운데 2개를 1개로 통합하면 그림 4 (b)와 같이 되어 3개위 전선으로 결선할 수 있다.

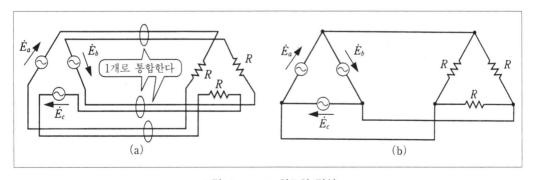

그림 4 △−△ 회로의 결선

4 Y 결선과 △결선과 3상 교류 전력

그림 5 (a)는 Y 결선, 그림 5 (b)는 △결선의 상전압, 상전류, 선간 전압, 선전류의 관계를 나타내고 있다.

Y 결선에서는 선전류(I_l)=상전류(I_s)이고 선간 전압(V_l)=$\sqrt{3}$×상전압(V_s)이다.

△결선에서는 선간 전압(V_l)=상전압(V_s)이고 선전류(I_l)=$\sqrt{3}$×상전류(I_s)이다.

단상 교류의 전력 *P*는 $P=VI\cos\theta$로 구해진다. 3상 교류의 전력은 상전압 V_s, 상전류 I_s, 역률 $\cos\theta$이고 단상 교류의 3배이기 때문에

$$P=3V_s I_s \cos\ \theta\ [\text{W}]$$
(1)

이 된다. 식 (1)에는 $V_s=V_l$, $I_s=I_l\sqrt{3}$ (△결선)을 대입하면 다음과 같은 식이 된다.

$$P=\sqrt{3}\ V_l I_l \cos\ \theta\ [\text{W}]$$
(2)

전력 *P*를 구하는 식은 Y 결선인 경우에도 식 (2)와 같은 식이 된다.

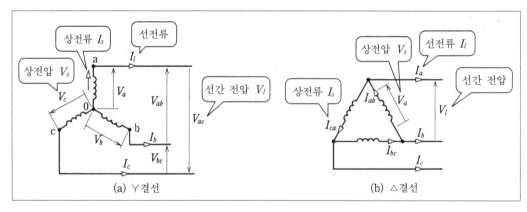

그림 5 상전압, 상전류, 선간 전압, 선전류

Let's review

1. 식 (2)는 △결선인 경우 3상 교류 전력 *P*를 표현하는 식이다. 전력을 구하는 식이 Y 결선도 같다는 것을 나타내어라. 또 선간 전압이 200V, 선전류가 12A, 역률이 0.6인 경우 3상 교류 전력 *P*를 구하라.

제8장의 요약

3상 교류는 수력 발전, 화력 발전, 원자력 발전 등의 발전 방식으로 만들어지고 발전소에서는 특별 고압인 154 kV의 높은 교류 전압을 발생시킨다. 이 특별 고압은 1차 변전소에서 66 kV, 2차 변전소에서 22 kV, 3차 변전소에서 3.3 kV, 6.6 kV로 차례로 내리고 주상 변압기에서 100V, 200V로 최종적으로 내려 가정이나 공장 등에 송전한다.

세계 최초의 나이아가라 수력 발전소

● **수력 발전** : 수력 발전은 댐에 저수된 물을 낙하시켜 수차를 돌림으로써 발전기의 회전자를 회전시켜 발전하는 방식이다.

● **화력 발전** : 화력 발전은 석탄, 석유 등을 사용하여 증기를 발생시켜 증기 터빈을 돌림으로써 발전기의 회전자를 회전시켜 발전하는 방식이다.

● **원자력 발전** : 원자력 발전은 원자로 내에서 핵분열을 일으킨 열로 증기를 발생시켜, 증기 터빈을 회전시키는 것으로 발전기의 회전자를 회전시켜 발전하는 방식이다.

발전 방식에는 이 밖에 해수 간만의 차를 이용하여 발전하는 **조력 발전**, 바람의 힘을 이용하여 발전하는 **풍력 발전**, 지열의 분출 증기를 이용하여 발전하는 **지열 발전**, 반도체의 빛-기전력 효과를 이용하여 태양광을 반도체에 조사하여 발전하는 **태양광 발전** 등이 있다.

일본의 발전량 비율은 1960년 당시에는 수력과 화력이 50%씩이었지만 1970년대에 원자력 발전이 시작되어 수력, 화력이 점차로 변화하고 있었다. 1990년대에 들어 수력 10%, 화력 60%, 원자력 30% 정도가 되었다.

*Let's review*의 해답

> ◪ 〈172면〉
>
> 1. $i = 10\sqrt{2} \sin \omega t$ [A]
>
> 2. 2A   3. 75V
>
> 4. 1 kΩ 또는 1,000Ω
>
> ◪ 〈175면〉
>
> 1. ① 유도성 리액턴스   ② $\dfrac{\pi}{2}$ [rad]
>
>   ③ 뒤진다
>
> 2. $X_L = 2 \times 3.14 \times 50 \times 10 \times 10^{-3}$
>
> $= 3.14$ [Ω]
>
> ◪ 〈178면〉
>
> 1. 용량성 리액턴스
>
> 2. (1) 36Ω   (2) 3.33A
>
>   (3) $\dfrac{\pi}{2}$ [rad] 앞섬

> ◪ 〈181면〉
>
> 1. 100V   2. 50Ω
>
> ◪ 〈184면〉
>
> 1. 400W
>
> 2. (1) 400VA   (2) 200W
>
>   (3) 346var   (4) 0.5
>
> ◪ 〈187면〉
>
> 1. ① 120   ② $\dfrac{2\pi}{3}$ ③ 0
>
>   ④ $-\dfrac{2}{3}\pi$ ⑤ $-\dfrac{4}{3}\pi$ ⑥ 0
>
> ◪ 〈190면〉
>
> 1. $I_s = I_l,\ V_s = V_l / \sqrt{3}$ 을 $P = 3 V_s I_s \cos \theta$ 에 대입하면 구할 수 있다.
>
>   2,494W

찾 아 보 기
〈가나다순〉

ㄱ

가동 철편형 계기 103
가동 코일형 계기 101
가변 콘덴서 131
가전자 19
가청 주파수 153
각주파수 154
갈바니 4
강자성체 75
검전기 4
고정 콘덴서 131
공기 콘덴서 131
공유 결합 19
공진 주파수 181
광속 16
교류 147, 149
교류 기전력 149
교류 발전기의 원리 112
교류에 의한 전구의 점멸 148
교류의 계산 172
교류 전력 156
교류 전력과 부하의 종류 182
교류 전압 149
구동 토크 101
구리·콘스탄탄 63
구리 도금 67
권형 콘덴서 131
궤도 15
규소 강판 91, 119
그랜드 31
극좌표 표시 160
글로 방전 142
기자력 86

기전력 30, 46
길버트 3

ㄴ

나침반 3
나트륨 원자 14
낙뢰/천둥 124
납축전지 69
내부 저항 46
내전압 137
뇌운의 발생 123
뉴트론 8
뉴튼 78

ㄷ

단상 교류 185
단자 전압 46
대전 122
대전체 125
도전율 47
도체 17
도트 84
동물 전기 4, 26
동종 전기의 반발 13
등가 133
등가 회로 43

ㄹ

라디안 153
라이덴병 4, 143
렌츠의 법칙 109

르클랑셰 ······································· 56
리니어 모터카 ·························· 71
릴럭턴스 ·································· 87

ㅁ

마그넷 ······································· 2
마이너스 전기 ················· 4, 6, 11, 12
마이카 콘덴서 ·························· 184
마젤란 ······································· 3
마찰 기전기 ··························· 143
마찰 서열 ····························· 7, 125
마찰 전기 ································· 5
마찰 전기가 일어나는 이유 ·············· 5
마찰 전기 서열 ··························· 7
망간 건전지 ··························· 70
무선 주파수 ··························· 153
무효 전력 ····························· 184

ㅂ

바 ······································· 184
반고정 콘덴서 ·························· 131
반도체 ··································· 18
반송 주파수 ··························· 153
반자성체 ································· 75
방위 자석 ······························· 74
방전 ······························· 69, 130
방전 전류 ····························· 130
벡터 $\dot{V}$와 $\dot{I}$ ··························· 171
벡터 $\dot{V}$의 y축 성분의 변화 ·············· 164
벡터 ································· 159, 161
벡터의 곱 ····························· 162
벡터의 몫 ····························· 163
벡터의 차 ····························· 161
벡터의 크기 ··························· 160
벡터의 합 ····························· 161
벼락 ····································· 123
변압기 ··································· 117
병렬 접속 ························· 41, 132
병렬 콘덴서의 합성 ··················· 133
복각 ································· 3, 93
복소수 ································· 158
복소수의 4칙 연산 ····················· 158
복소 평면 ····························· 159

볼타 ································· 3, 26
볼타의 전지 ························· 4, 28
볼타의 전퇴 ··························· 27
볼트 암페어 ··························· 184
분극 현상 ····························· 140
분자 자석 ····························· 75
분진 폭발 ······························· 6
불꽃 방전 ······················· 140, 141
브러시 ································· 105
비유전율 ······························· 126
비투자율 ······························· 82

ㅅ

사인파 ································· 112
사인파 교류 전압 ····················· 151
삼각 함수 표시 ······················· 160
3각 결선 ····························· 188
3상 교류 ····························· 185
3상 교류 기전력 ······················· 186
3상 교류 기전력의 벡터 ················ 186
3상 교류 발전기의 원리 ················ 186
3상 교류의 개념 ······················· 185
3상 교류의 합성 ······················· 187
3상 교류 전력 ························· 190
3상 교류 회로 ························· 188
상용 주파수 ····················· 153, 167
상자성체 ······························· 75
상전압/상전류 ························· 190
상호 유도 ····························· 116
상호 인덕턴스 ························· 116
선간 전압 ····························· 190
선전류 ································· 190
성형 결선 ····························· 188
세라믹 콘덴서 ························· 131
소비 전력 ····························· 184
쇄교한다 ······························· 113
수력 발전 ····························· 191
수류 ··································· 146
순시값 ································· 165
순시 전력 ····························· 184
스타인메츠 ····························· 93
스타인메츠 상수 ······················· 94
실링 ····································· 3
실수부 ································· 158

실수축 ·························· 159
실체도/실체 배선도 ············· 32
실효값 ·························· 155

ㅇ

안정기 ·························· 115
암전류 ·························· 141
암페어의 오른나사의 법칙 ······· 83
압전 현상 ······················ 140
양 이온 ······················ 28, 65
어스 ··························· 31
열전쌍 ······················ 62, 63
열전 온도계 ···················· 63
열전 전류계 ···················· 63
열전형 계기 ···················· 63
오일러의 공식 ················· 160
온도 계수 ······················ 47
옴 ···························· 33
옴의 법칙 ······················ 34
와전류/와전류손 ··············· 119
용량성 리액턴스 ··············· 178
원자/원자의 크기 ············· 8, 9
원자력 발전 ··················· 191
원자 모형 ······················ 11
원자핵 ·························· 8
웨버 ······················· 78, 95
위상/위상각 ··················· 157
위상차 ·························· 157
유도 기전력 ·············· 107, 111
유도성 리액턴스 ··············· 175
유도 전류 ···················· 107
유전 가열 ···················· 140
유지력 ·························· 91
유효 전력 ···················· 184
은도금 ·························· 67
음 이온 ······················ 28, 65
2차 권선 ······················ 117
2차 전지 ······················· 68
1차 권선 ······················ 117
1차 전지 ······················· 68
일렉트리시티 ···················· 2

ㅈ

자계 ··························· 77
자계 방향 ······················ 77
자계 세기 ······················ 82
자극 ··························· 74
자극간에 작용하는 힘 ··········· 78
자기 분자설 ················· 76, 95
자기에 관한 콜롬의 법칙 ········· 78
자기 유도 ···················· 113
자기 유도 ····················· 75
자기 유도 기전력 ·············· 113
자기 인덕턴스 ················· 113
자기 저항 ······················ 87
자기 포화 ······················ 90
자동 온도 조절 장치 ············ 43
자력 ··························· 77
자력선 ·························· 77
자력선과 자속 ·················· 80
자성 ··························· 74
자속 ··························· 80
자속 밀도 ······················ 81
자유 전자 ······················ 15
자화 곡선 ······················ 90
자화 회로에서의 옴의 법칙 ······· 87
잔류 자기 ······················ 91
저항 R만 있는 회로 ··········· 170
저항 ··························· 35
저항값 ·························· 35
저항기 ·························· 35
저항률 ······················ 18, 37
저항률의 단위 ·················· 47
적층 철심 ···················· 119
적층형 콘덴서 ················· 131
전계 ··························· 16
전기 도금 ······················ 67
전기 분해 ······················ 65
전기 분해에 관한 패러데이의 법칙 ········· 71
전기 쌍극자 ··················· 141
전기 저항 ······················ 35
전기화학당량 ··················· 66
전력 ······················ 59, 184
전력량 ·························· 61
전류 ··························· 21
전류와 자침의 방향 ············· 83
전류의 연속성 ·················· 22
전리 ··························· 65

전압 29
전압 강하 44
전압계와 전류계의 접속 32
전압렬 27
전원 단자 전압의 합 50
전위차 29
전자 8, 14
전자 냉각 장치 43
전자력 98
전자력의 방향 99
전자력의 크기 100
전자류 16
전자 무게 9
전자석 78, 85
전자 유도 107
전자 유도에 관한 패러데이의 법칙 108
전자의 이동 15
전지 56
전지의 내부 저항 56
전지의 단자 저압 58
전지의 병렬 접속 57
전지의 직렬 접속 56
전하 21, 122
전하 보존 법칙 22
전하의 흡인력과 반발력 126
전해액 65
절연체 17
절연 파괴 18
절연 파괴 전압 137
접지 31
정류자 105
정전기 125
정전력 139
정전 서열 7
정전 용량 128
정전 용량 표시법 132
정전 유도 122
정전 차폐 123
제벡 효과 62
제어 토크 102
종이 콘덴서 131
주기 152
주파수 152
줄의 법칙 71
중간 금속의 법칙 62

중성선 189
중성점 188
중화 13
지멘스 47
지열 발전 191
지자기 92
직각 좌표 표시 160
직렬 공진 181
직렬 접속 39, 134
직렬 접속의 합성 정전 용량 136
직류 147, 150
직류 발전기의 원리 104, 111
직류 변압계 32
직류 전동기의 원리 104, 111
직류 전류계 33
진공 투자율 82

ㅊ

철 안의 자속 81
초기 위상/초기 위상각 157
초전도 71
최대값 151
충전 69
충전 전류 130
침단 방전 138

ㅋ

컨덕턴스 47
켤레 복소수 158
코로나 방전 142
코일 113
코일에 작동하는 토크 104
콘덴서 128, 129
콘덴서만 있는 회로의 전력 183
콘덴서의 병렬 접속 132
콘덴서의 정전 용량 129
콘덴서의 직렬 접속 134
콜롬부스 3
쿨롬 21
쿨롬의 법칙 126
크로스 84
크롬 도금 67
키르히호프의 제 1 법칙 50, 53

키르히호프의 제 2 법칙 ································ 51, 53

ㅌ

탈레스 ··· 2
태양광 발전 ··· 191
테슬러 ··· 81
토크 ··· 105
토트밴드 ·· 101
투자율 ·· 80

ㅍ

패럿 ··· 129
퍼멀로이 ·· 82
펠티에 효과 ·· 64
편각 ··· 93, 160
평균값 ·· 156
평행사변형법 ······································· 161
평행판 콘덴서 ····································· 128
폐회로 ·· 53
풍력 발전 ··· 191
프랭클린 ·· 4
프로톤 ·· 8, 9
플러스의 전기 ··· 6
플러스 전기 ··· 4
플레밍의 오른손 법칙 ····························· 108
플레밍의 왼손 법칙 ································· 99
피뢰침 ··· 123, 139
피상 전력 ··· 184

ㅎ

합성 저항 ·· 40
합성 정전 용량 ····································· 138
허수 단위 ··· 158
허수부 ·· 158
허수축 ·· 159
헤르츠 ·· 167

헨리 ··· 114, 116
형광 램프 ··· 114
호도법 ·· 153
화력 발전 ··· 191
회전하는 벡터 ····································· 164
휘트스톤 브리지 ····································· 55
흡철 코일 ·· 93
히스테리시스 계수 ·································· 94
히스테리시스 곡선 ·································· 90
히스테리시스 루프 ·································· 91
히스테리시스손 ····································· 91
히스테리시스 특성 ·································· 91

영   문

AC ··· 149
$B-H$ 커브 ·· 90
$B-H$ 곡선 ·· 90
C만 있는 회로의 전류 ···························· 176
C에 축적되는 전하 ······························· 176
DC ··· 150
J. J 톰슨 ··· 20
j에 의한 벡터의 회전 ····························· 166
KS강 ·· 91
L만 있는 회로의 전류 ···························· 173
L에 발생하는 유도 기전력 ······················· 173
N극 ··· 74
RLC 직렬 회로 ···································· 179
RLC 직렬 회로의 V_R, V_L, V_C의 관계 ··········· 179
S극 ··· 74
U자형 자석 ··· 74
1국제 암페어 ·· 67
1사이클 ··· 147
Y결선 ·· 188
오른손 엄지의 법칙 ································· 84
Y－Y 회로 ·· 189
△결선 ·· 188
△－△ 회로의 결선 ································· 189

초보자를 위한 **전기기초 입문**

岩本 洋 지음 / 4 · 6배판형 / 232쪽 / 23,000원

이 책은 전자의 행동으로서 전자의 흐름 · 전자와 전위차 · 전기저항 · 전기에너지 · 교류 등을 들어 전자 현상을 물에 비유하여 전기에 입문하는 초보자도 쉽게 이해할 수 있도록 설명하였다.

기초 회로이론

백주기 지음 / 4 · 6배판형 / 428쪽 / 26,000원

본 교재는 기본서로서 수동 소자로 구성된 기초 회로이론을 바탕으로 가장 기본적인 이론을 엮었다. 또한 IT 분야의 자격증 취득을 위해 준비하는 학생들에게 가장 기본이 되는 이론을 소개함으로써 자격시험 대비에 도움이 되도록 하였다.

기초 회로이론 및 실습

백주기 지음 / 4 · 6배판형 / 404쪽 / 26,000원

본 교재는 기본을 중요시하여 수동 소자로 구성된 기초 회로이론을 토대로 가장 기본적인 이론과 실험으로 구성하였다. 또한 사진과 그림을 수록하여 이론을 보다 쉽게 이해할 수 있도록 하였고 각 장마다 예제와 상세한 풀이 과정으로 이론 확인 및 응용이 가능하도록 하였다.

공학도를 위한 전기/전자/제어/통신 **기초회로실험**

백주기 지음 / 4 · 6배판형 / 648쪽 / 30,000원

본 교재는 전기, 전자, 제어, 통신 공학도들에게 가장 기본이 되면서 중요시되는 회로실험을 기초부터 다져 나갈 수 있도록 기본에 중점을 두어 내용을 구성하였으며, 각 실험에서 중심이 되는 기본 회로이론을 자세하게 설명한 후 실험을 진행할 수 있도록 하였다.

기초 전기공학

김갑송 지음 / 4 · 6배판형 / 452쪽 / 24,000원

이 책은 전기란 무엇이고 전기가 어떻게 발생하는지부터 전자의 흐름, 전자와 전위차, 전기저항, 전기에너지, 교류 등을 전기에 입문하는 초보자도 누구나 쉽게 이해할 수 있도록 설명하였다.

기초 전기전자공학

장지근 외 지음 / 4 · 6배판형 / 248쪽 / 23,000원

이 책에서는 필수적이고 기초적인 이론에 중점을 두어 전기, 전자공학 및 이와 관련된 분야의 기초를 습득하고자 하는 사람들이 쉽게 공부할 수 있도록 구성하였다.

쇼핑몰 QR코드 ▶다양한 전문서적을 빠르고 신속하게 만나실 수 있습니다.
경기도 파주시 문발로 112번지 파주 출판 문화도시(제작 및 물류)   TEL. 031) 950-6300   FAX. 031) 955-0510
서울시 마포구 양화로 127 첨단빌딩 3층(출판기획 R&D센터)   TEL. 02) 3142-0036

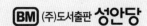
(주)도서출판 **성안당**

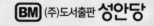

PLC 제어기술

김원회, 김준식, 남대훈 지음 / 4 · 6배판형 / 320쪽 / 20,000원

NCS를 완벽 적용한 알기 쉬운 PLC 제어기술의 기본서!

이 책에서는 학습 모듈 10의 PLC 제어 기본 모듈 프로그램 개발과 학습 모듈 12의 PLC제어 프로그램 테스트를 NCS의 학습체계에 맞춰 구성하여 NCS 적용 PLC 교육에 활용토록 집필하였다. 또한 능력단위 정의와 학습체계, 학습목표를 미리 제시하여 체계적인 학습을 할 수 있도록 하였으며 그림과 표로 이론을 쉽게 설명하여 학습에 대한 이해도를 높였다.

알기 쉬운 **메카트로 공유압 PLC 제어**

니카니시 코지 외 지음 / 월간 자동화기술 편집부 옮김 / 4 · 6배판형 / 336쪽 / 20,000원

공유압 기술의 통합 해설서!

이 책은 공 · 유압 기기편, 시퀀스 제어편 그리고 회로편으로 공 · 유압 기술의 통합해설서를 목표로 하고 있다. 공 · 유압 기기의 역할, 특징, 구조, 선정, 이용상의 주의 그리고 특히 공 · 유압 시스템의 설계나 회로상의 주의점 등을 담아 실무에 도움이 되도록 구성하였다.

시퀀스 제어에서 PLC 제어까지 **PLC 제어기술**

지일구 지음 / 4 · 6배판형 / 456쪽 / 15,000원

시퀀스 제어에서 PLC 제어까지 알기 쉽게 설명한 참고서!

이 책은 시퀀스 회로 설계를 중심으로 유접점 시퀀스와 무접점 시퀀스 제어를 나누어 설명하였다. 상황 요구 조건 변화에 능동적으로 대처할 수 있도록 PLC를 중심으로 개요, 구성, 프로그램 작성, 선정과 취급, 설치 보수, 프로그램 예에 대하여 설명하였다. 또한 PLC 사용 설명, LOADER 조작 방법, 응용 프로그램을 알기 쉽게 설명하였다.

쇼핑몰 QR코드 ▶다양한 전문서적을 빠르고 신속하게 만나실 수 있습니다.

경기도 파주시 문발로 112번지 파주 출판 문화도시(제작 및 물류)   TEL. 031) 950-6300   FAX. 031) 955-0510
서울시 마포구 양화로 127 첨단빌딩 3층(출판기획 R&D센터)   TEL. 02) 3142-0036

BM (주)도서출판 **성안당**

초보자를 위한
전기기초 입문

1998. 5. 26. 초 판 1쇄 발행
2025. 1. 8. 초 판 19쇄 발행

지은이 | 이와모토 히로시
옮긴이 | 박한종
펴낸이 | 이종춘
펴낸곳 | **BM** ㈜도서출판 **성안당**

주소 | 04032 서울시 마포구 양화로 127 첨단빌딩 3층(출판기획 R&D 센터)
      10881 경기도 파주시 문발로 112 파주 출판 문화도시(제작 및 물류)

전화 | 02) 3142-0036
      031) 950-6300

팩스 | 031) 955-0510
등록 | 1973. 2. 1. 제406-2005-000046호
출판사 홈페이지 | **www.cyber.co.kr**
ISBN | 978-89-315-2668-4 (13560)
정가 | **23,000원**

이 책을 만든 사람들
기획 | 최옥현
진행 | 박경희
교정·교열 | 이태원
전산편집 | 김인환
표지 디자인 | 박현정
홍보 | 김계향, 임진성, 김주승, 최정민
국제부 | 이선민, 조혜란
마케팅 | 구본철, 차정욱, 나진호, 이동후, 강호묵
마케팅 지원 | 장상범
제작 | 김유석

■ **도서 A/S 안내**

성안당에서 발행하는 모든 도서는 저자와 출판사, 그리고 독자가 함께 만들어 나갑니다.
좋은 책을 펴내기 위해 많은 노력을 기울이고 있습니다. 혹시라도 내용상의 오류나 오탈자 등이
발견되면 **"좋은 책은 나라의 보배"**로서 우리 모두가 함께 만들어 간다는 마음으로 연락주시기
바랍니다. 수정 보완하여 더 나은 책이 되도록 최선을 다하겠습니다.
성안당은 늘 독자 여러분들의 소중한 의견을 기다리고 있습니다. 좋은 의견을 보내주시는 분께는
성안당 쇼핑몰의 포인트(3,000포인트)를 적립해 드립니다.
잘못 만들어진 책이나 부록 등이 파손된 경우에는 교환해 드립니다.